U0125231

一本书读懂ChatGPT

主　编　石子言　姚　芳

副主编　杨子煜　唐　晓
　　　　张辰旭　李　波

人民东方出版传媒
People's Oriental Publishing & Media

图书在版编目（CIP）数据

一本书读懂 ChatGPT / 石子言，姚芳主编 . —北京：东方出版社，2023.4
ISBN 978-7-5207-3388-5

Ⅰ . ①一…　Ⅱ . ①石…　②姚…　Ⅲ . ①人工智能—普及读物　Ⅳ . ① TP18-49

中国国家版本馆 CIP 数据核字（2023）第 049939 号

一本书读懂ChatGPT

（YIBENSHU DUDONG CHATGPT）

主　　编：石子言　姚　芳
责任编辑：何伟华　何东辉
责任校对：金学勇
出　　版：东方出版社
发　　行：人民东方出版传媒有限公司
地　　址：北京市东城区朝阳门内大街 166 号
邮　　编：100010
印　　刷：三河市中晟雅豪印务有限公司
版　　次：2023 年 4 月第 1 版
印　　次：2023 年 4 月北京第 1 次印刷
开　　本：710 毫米 ×1000 毫米　1/16
印　　张：18
字　　数：200 千字
书　　号：ISBN 978-7-5207-3388-5
定　　价：68.90 元
发行电话：（010）85924663　85924644　85924641

前　言
PREFACE

2000多年前，先秦思想家鬼谷子有段名言:“以天下之目视者，则无不见；以天下之耳听者，则无不闻；以天下之心思虑者，则无不知。”在他看来，如果能集合天下所有的“眼睛”、“耳朵”和“心灵”，人类将“无所不见，无所不闻，无所不知”。

2000多年后，2022年11月，美国人工智能研究公司OpenAI推出人工智能聊天机器人软件ChatGPT，因其“上知天文、下知地理”的超能力，上线仅仅两个月，ChatGPT的活跃用户数就突破1亿。OpenAI称：ChatGPT是一种全新聊天机器人模型，它通过海量数据的学习和训练后，能够模仿人类进行交流对话。不少和ChatGPT“聊过天”的网友感叹道:“只有你想不到，没有ChatGPT办不成的。”2023年3月14日，OpenAI

又发布了其升级版 GPT-4。GPT-4 更神奇！它不仅考试实力碾压 90% 的“做题家”，而且能够吟诗作画、模仿“霸道总裁”与员工进行诙谐对话。ChatGPT 似乎集中了全人类的视觉、听觉和思维能力，实现了鬼谷子当初所设想的超级人类智慧。那么，事实真的如此吗？ ChatGPT 真的是万能的吗？

本书将揭开 ChatGPT 所代表的新一代人工智能聊天机器人的神秘面纱，从 ChatGPT 的前世今生入手，阐述 ChatGPT 的产生背景和发展历程，介绍 ChatGPT 的整体技术流程和模型原理；通过将 ChatGPT 与传统机器学习、深度神经网络等人工智能技术进行比较研究，阐述 ChatGPT 在文本生成、脚本编程、文本翻译等领域中的技术进展和典型应用，并前瞻预测其对生成式人工智能技术发展趋势的影响。本书不仅与读者共同探索 ChatGPT 的技术魅力，还将运用辩证思维分析 ChatGPT 的技术局限性，反思其可能带来的信息安全隐患、价值渗透危险、知识产权纠纷等问题，启迪读者以更客观、更理性的态度看待这场技术革新。

目 录

CONTENTS

第一章

ChatGPT 的前世今生

ChatGPT 从哪里来将到哪里去，人工智能领域的革命狂飙即将来临？

ChatGPT 的全称是 Chat Generative Pre-trained Transformer，是一种革命性的人工智能语言模型。它由 OpenAI 开发并于 2022 年 11 月正式发布。与传统的互联网聊天机器人软件相比，ChatGPT 智商情商双高，社交网络流传出各种询问或调戏 ChatGPT 的有趣对话，在其开放试用的短短几天，就吸引了超过 100 万互联网注册用户。从目前来看，ChatGPT 不仅仅是传统的搜索引擎或对话机器人，它还能够在实时互动的过程中获得问题的最佳答案，被视为“搜索引擎 + 社交软件”的结合体。那么，ChatGPT 到底是从何而来，又将向何处去？它的诞生将会给人工智能领域带来一场怎样的革命？我们先从 ChatGPT 的诞生背景、发展历程和未来发展趋势等方面来介绍 ChatGPT 的前世今生。

一、ChatGPT 的横空出世

随着信息技术的不断发展，几乎每隔一段时间都会产生一些新产品，其中一些已有的技术和市场所带来的革命性影响开创了一个全新的时代。例如，网景浏览器（Netscape）催生了 PC 互联网时代，苹果手机（iPhone）催生了移动互联时代。如今，ChatGPT 一经发布，就因其超出人类预期的对话能力而技惊四座，被视为当年的网景浏览器和苹果手机一样划时代的产品而艳惊四座，引发全世界的广泛关注。那么，ChatGPT 为何能震惊世人？它开发背后有着怎样的故事？让我们从 ChatGPT 的诞生环节来探寻 ChatGPT 的身世之谜。

（一）ChatGPT 的开发团队——OpenAI

ChatGPT 是 OpenAI 开发的一个软件程序。OpenAI 成立于 2015 年，由特斯拉首席执行官埃隆·马斯克（Elon Musk）、美国创业孵化器 Y Combinator 总裁山姆·阿尔特曼（Sam Altman）、全球在线支付平台 PayPal 联合创始人彼得·蒂尔（Peter Thiel）等硅谷科技大亨共同创办。OpenAI 的目标是与全球人工智能领域的相关机构进行合作，以开放性的研究成果促进人工智能技术的发展，造福全人类。早在创业伊始，OpenAI 就将自己确立为一个使命驱动型的企业，其核心宗旨在于“实现安全的通用人工智能（AGI）”。正如其创始人之一的阿尔特曼所说，OpenAI 的目标是创造一种与人类智力相匹配的“通用人工智能”。

2022 年 6 月，量子计算专家、ACM 计算奖得主斯科特·亚伦森（Scott Aaronson）宣布，将加盟 OpenAI 公司。2023 年 2 月 2 日，OpenAI 宣布推出 ChatGPT Plus 订阅服务，可以让用户在高峰期优先使用人工智能聊天机器人 ChatGPT。2023 年 2 月 16 日，OpenAI 豪掷千金，将超优质域名 AI.com 链接跳转到了 ChatGPT。据统计，2023 年 1 月，平均每天有超过 1300 万名独立访问者使用 ChatGPT，是 2022 年 12 月的两倍多。推出仅仅 2 个月，ChatGPT 月活跃用户就成功过亿。

（二）ChatGPT 的爆火出圈

2022 年 11 月 30 日，OpenAI 公司在社交网络上向世界宣布他们最新的大型语言预训练模型 ChatGPT。自发布以来，ChatGPT 热度不减，在首次亮相两个月后，ChatGPT 拥有超过 3000 万用户，每天访问量约为 500 万。这使它成为活跃用户增长最快的软件产品之一。在 2023 年 1 月末就已突破 1 亿，之前最快破亿的是 TikTok（抖音海外版），而其用户破亿也用时 9 个月，这一切让 ChatGPT 成为史上用户增长速度最快的消费级应用程序。于是，网络上关于 ChatGPT“开启人工智能新纪元”“全新的时代正拉开序幕”之类的说法广为流传。上到科技巨鳄，下到普通民众，都对 ChatGPT 的强学习智能化能力惊叹不已。

经济学家罗伯特·希勒（Robert J.Shiller）曾说：“精彩的、富有感染力的经济叙事往往不胫而走，比严肃刻板的论文和说教更容易被人理解、接受和传播。”时下最受追捧的话语表达是什么？是以颠覆性创新为主轴的叙事框架。例如，2023 年春节期间爆火的电影《流浪地球 2》中的行星发动机、太空电梯等，就因为满足了大众对于未来世界的颠覆性想象，受到观众热捧。ChatGPT 的爆火出圈，同样缘于其颠覆性、创新性的技术。

ChatGPT 虽然只是一个软件程序，但它的数据库融合了来自互联网的大量代码和信息，帮助 ChatGPT 能够快速学习并实现类似人类的互动交流方式。利用海量数据，加上人工智能技术以及量子计

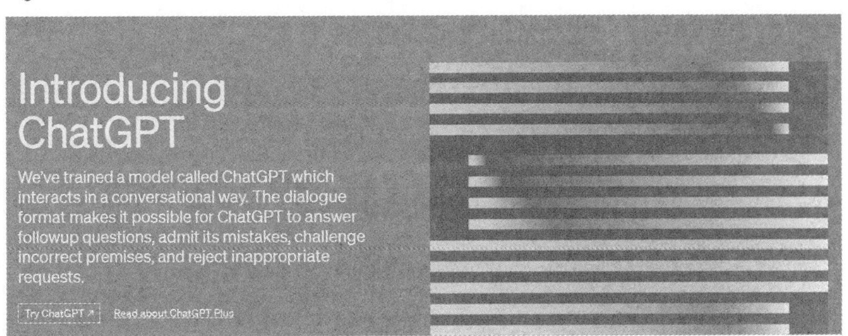

图 1-1　ChatGPT 的出现具有划时代意义，大模型 +ChatGPT 已形成新一代操作系统平台的雏形。图为 ChatGPT 网站截图　图片来源：ChatGPT 网站

算，ChatGPT 生成了极为强大且适应性很强的逻辑思维能力，具备了能够处理当今人类几乎所有学科和知识的能力。ChatGPT 的基本原理与核心技术，是基于统计方法的监督式深度（强化）机器学习，属于人工智能生成内容（AI Generated Content，AIGC）和自然语言处理（Natural Language Processing，NLP）领域，ChatGPT 作为人工智能技术驱动的自然语言处理工具，它能够通过学习和理解人类的语言来进行对话，还能根据聊天的上下文进行互动，真正像人类一样来聊天交流，甚至能完成撰写邮件、视频脚本、文案、代码、论文等任务。ChatGPT 的出现，使 AIGC 强化了内容与生产力的连接，大大推进了自然语言处理的研究进展。目前看来，无论是技术上还是应用上，ChatGPT 都极具潜力，它被《科学》（*Science*）杂志评选为 2022 年度十大科学突破之一。

人工智能聊天机器人程序有很多，而 ChatGPT 爆火出圈除了缘于其先进的技术，也缘于它刺激了大众的好奇心理。调查数据显示，ChatGPT 在短短 2 个月内，就拥有了超 1 亿的活跃用户，美国

89% 的大学生在使用这个软件写作业，而这个数字还在不断上升中，有可能在不久的将来达到 10 亿、20 亿，或者说拥有智能手机的用户都很有可能安装上这个程序。就连《人类简史》一书的作者尤瓦尔·赫拉利（Yuval Noah Harari）都惊讶其不仅言之有理，还有着连贯的逻辑。清华大学计算机系副教授黄民烈说："ChatGPT 已经超出了 80% 甚至 90% 人的对话能力，GPT-3 的对话能力其实就已超出了人类平均水准。"微软联合创始人比尔·盖茨（Bill Gates）在接受德国商业日报采访时表示："ChatGPT 可以对用户查询作出惊人的类似人类的反应，它的出现与互联网、个人电脑的发明一样重要，到目前为止，人工智能可以读写，但无法理解内容。像 ChatGPT 这样的新程序将通过帮助写发票或信件来提高许多办公室工作的效率，这将改变我们的世界。"

近年来，人工智能领域经历了先被追捧、后被看低的过程。人们起初以为，人工智能会给人类带来超级自动化的应用场景。然而，多年过去了，人脸识别仍然是人工智能技术最广泛的应用场景。就已呈现的形态看，ChatGPT 确实跟以往人们所认知的人工智能不一样。与其他人工智能产品相比，ChatGPT 的工作过程更接近我们的大脑：在形成智能能力之前，会有大量原始、未经处理的数据通过输入端进入 ChatGPT 的数据库，这些数据库中的杂乱原始数据会在 ChatGPT 中进行融合，利用上下文，按照某种意义的组合方式进行结构化处理，形成类似于我们大脑中"信息"的数据处理结果，这些数据处理结果与处理前的原始数据，在 ChatGPT 的后端通过经验或按照特定主题进行理解和分析处理，形成了 ChatGPT 的"知识"，利用 ChatGPT 背后的人工智能技术和量子计算机进行进一步处理，使 ChatGPT 拥有了“智慧”。经过从“数据—信息—知识—智慧”的处理过程，ChatGPT 拥有了像人类一样根据知识、经验和洞察力的结合从而作出正确判断和决策的能力。这种高度拟人化的逻辑思考能力，使 ChatGPT 从一众人工智能产品中脱颖而出。与以往的技术相比，ChatGPT 不仅通过数据库比对提高了对文字、图片等的识别效率，而且其自身所具备的基于大数据技术的自我学习和自我生成能力，无疑让 ChatGPT 更接近图灵测试所说的技术“奇点”，让人工智能距离具备“人”一样的自主意识更近了一步。ChatGPT 的出现及相应的产业化商业化落地，有望加速写作助手、对谈系统、智能客服、代码开发等领域的商业化进程，无疑会赋能造势、推动人工智能领域打开更广阔的应用空间。

图 1-2　人工智能技术和量子计算机的超高计算能力让 ChatGPT 拥有了“智慧”，它能够像人类一样拥有根据知识、经验和洞察力的结合从而作出判断和决策的本领

图片来源：千图网

热潮涌起，风口已开。ChatGPT 一经出圈，全球互联网巨头纷纷在生成式人工智能方面发力。谷歌旗下人工智能企业 DeepMind 发布了新的人工智能聊天机器人 Sparrow；Facebook（脸书）母公司 Meta 也推出了人工智能聊天机器人 BlenderBot。令人欣喜的是，在 ChatGPT 发布后不久，中国互联网巨头也都纷纷计划推出类似的应用。比如，百度正式确认将发布类 ChatGPT 项目“文心一言”（ERNIE Bot）；阿里巴巴达摩院正在研发类 ChatGPT 的聊天机器人，试图将人工智能大模型技术与钉钉生产力工具深度结合。相信 ChatGPT 推出之后，互联网、人工智能等多个相关领域将进入一个群雄并起、风云迭代的新世纪，人工智能的新的春天将会到来。

（三）ChatGPT 带来的争议

与市面上其他聊天机器人相比，ChatGPT 功能更加多样，用户只需输入文字，就可免费使用完成各种事情（如数学计算、写信、生活问题解答等）。例如，有网友要求 ChatGPT 用《坎特伯雷故事集》风格改写 20 世纪 90 年代热门歌曲 *Baby Got Back*；有网友晒出 ChatGPT 参加美国高考（SAT）考试之后的得分——1020（总分 1600 分）；有网友收获了 ChatGPT 用《老友记》几大主角口吻创作的剧本对白……同时，ChatGPT 全面免费开放的特性，为用户的实感体验和在线讨论提供了土壤。而用户的体验和应用，进一步增强了 ChatGPT 的代码理解和生成能力，在彰显技术实力的同时也拓宽了应用场景。

在 ChatGPT 爆火的同时，ChatGPT 也引发了许多人的“生存危机”“失业焦虑”。目前来看，受这个程序影响最大的可能是文字归纳、图像生成、代码辅助开发、智能客服等行业领域，而讨论最多的，就是随着这些科技应用的落地，很多职业可能会被机器人、被拥有这些程序的机器人替代。例如，创新工厂创始人李开复列举了20项人工智能容易取代的工作，如电话营销员、客服、出纳员、收银员、快餐店员等，但凡属于固定程序开展工作的，不需要动脑创新的，都有可能被替代，甚至音乐、美术、文学等这些过去被认为人工智能无法取代的艺术创作行业都开始岌岌可危。还有专家宣称，未来如媒体从业人员、法律工作者、会计师、市场分析师、程序员等一大批职业都将被ChatGPT所替代。那么，ChatGPT真的有那么神奇吗?

目前看来，ChatGPT可以用更接近人类的思考方式参与用户的查询过程。ChatGPT之所以颠覆了以往所有的聊天机器人的应用程序，其核心原因就是其人工智能水平真正达到了某个行业的专家水平。例如，它在写诗、绘画、计算机编程、法律等方面的能力水平，基本上达到了高级专家的水平，这也是它让很多人感到震撼的原因。然而，美国新闻可信度评估与研究机构在对ChatGPT进行测试后警告世人：在使用ChatGPT的过程中，需要更加谨慎。在他们看来，该软件能在几秒钟内根据上下文和语境，提供看上去“令人信服”却毫无信源的内容。换言之，ChatGPT能够在短时间内对用户所提出的内容进行看起来非常恰当的解答，但是用户无法确保其答案的准确性。一言以蔽之，人类无法避免ChatGPT“一本正经”地胡说八道。也就是说，ChatGPT的优点在于其回答非常自然流畅，而缺点就在于其对问题的解答更多时候是“看起来”正确。而这种“看起来”正确的回答，在人类社会生活的很多领域是不能直接使用的，例如，在医疗健康、投资理财、市场行情等领域。因此，在专家们看来，如果你本身是一位行业专家，具备对本行业知识的判断力，那么 ChatGPT 将是你的另一个得力助手；如果你是在寻求一个你不了解领域的答案，对 ChatGPT 的回答要谨慎对待。可见，ChatGPT 背后的智能技术虽然非常高超，但是，ChatGPT 要真正完全地取代人类，尚有一段很长的路要走。

二、ChatGPT 的发展历程

近年来，人工智能技术在持续提高和飞速发展，并不断冲击着人类的传统认知。随着人工智能技术的不断进步，ChatGPT 作为一种先进的人工智能语言模型，受益于更大的模型尺寸、更先进的预训练方法、更快的计算资源和更多的语言处理任务，它的出现对人类而言无疑具有划时代的意义。本部分将从聊天机器人的产生和发展讲起，梳理 ChatGPT 的技术演进路线，展望未来 ChatGPT 的发展趋势。

（一）聊天机器人的产生

最早的聊天机器人诞生于 20 世纪 60 年代，聊天机器人自诞生后，经历了从“文本对话机器人”到“语音对话机器人”再到“多模态虚拟人聊天机器人”的发展过程。20 世纪 60 年代后，随着互联网的普及以及信息检索技术的发展，很多早期聊天机器人诞生，其最初应用于在线客服领域，主要采用文本对话的形式，主要应用在多种互联网连接渠道，辅助或替代人工进行文本对话的在线客服。随着人工智能技术的不断发展，文本对话机器人后，结合人工智能语音技术，语音机器人产品形式产生，其主要用于辅助替代真人接听和拨打电话。多模态数字人则是继语音机器人之后的再一次产品形式升级。而今配合虚拟现实等虚拟仿真技术的发展，融合计算机视觉和多模态模型等技术，在文字和语音基础上，加入虚拟人形态，聊天机器人的交互能力更加自然真实。

2016 年是聊天机器人崛起的元年。微软发布了一款针对 18 岁到 24 岁青少年名为 Tay 的在线聊天机器人，除了人工智能技术，Tay 的认知内容主要由包括即兴喜剧演员在内的作家精心创作而成，在此之后，全球掀起了一阵发展聊天机器人的风潮，自此之后，聊天机器人便成为最热门的科技话题之一。当时，这个新兴的产品被认为是时代发展中的下一个大事件。聊天机器人出现后，为了更好地为客户提供服务，曾一度被集成到如 Skype、Slack 等很多聊天软件平台中，甚至拥有预订披萨、订购苹果手机等网上购物的功能。聊天机器人出现后被普遍看好，然而也有一部分专家开始担忧聊天机器人引发的市场威胁。一位瑞银分析师就曾经提出过警告，由于聊天机器人广受欢迎并且被广泛下载使用，智能手机用户可以不需要苹果手机提供的应用商店，仅仅通过短信与在线服务互动即可完成订购商品，苹果手机的主导地位或许会受到聊天机器人的出现带来的“生存威胁”。尽管当时各大通信软件都开放了聊天机器人 API 接口，而且在技术的发展下，自然语言理解的水平有了很大的提高，但聊天机器人还是未能顺利地发展下去，反而走起了下坡路。由于 Tay 初始状态对世界一无所知，并不具备独立思考的能力，于是在短短不到 24 小时内便被“教导”成为一个极端的种族主义者。

在这种情况下，微软不得不将其紧急关停。对此，微软副总裁彼得·李（Peter Lee）在一篇博文中表示："我们对未提前看到这种可能性承担全部责任。"

Tay 以后，聊天机器人 App 的热度已经有了大幅度减退。据当时美国市场统计，65% 的用户每月聊天机器人 App 的下载量为 0，用户下载量的锐减就意味着推动用户下载应用的成本越来越高，也就是相关 App 开发者的研发成本也开始递增。虽然风头渐退，但 Tay 引发的聊天机器人研发热潮并未停止，微软以及其他社交媒体巨头都在 Tay 之后开始了聊天机器人领域的研发竞争。2016 年，在 F8 开发者大会上，Facebook 宣布开放 Messenger Platform，开放了 Facebook 的聊天机器人串接 Messenger 的 API 和后台功能。而 Facebook 宣布开放 API 后，Messeger 的易用性和互动性有了大大提升。与此同时，这一举动也吸引了越来越多的用户开始集中到社交类应用中，Facebook、飞书信（Messenger）、照片墙（Instagram）、微信等社交类应用在全球的应用商店都广受欢迎。社交应用的发展对聊天机器人的前进至关重要，就像是为聊天机器人的火热又添了一把柴。聊天机器人产生和发展的过程与人工智能技术的前进有着密不可分的联系。随着人工智能的流行，"聊天机器人 + 人工智能"也成为聊天机器人后续发展的一个重要趋势。而后加上了大数据技术的加持，算力提升后，聊天机器人的发展似乎开始了"大融合"的发展趋势。而随着技术的不断进步，很多人都普遍看好聊天机器人领域的发展，聊天机器人似乎将迎来更"人性化对话"的未来。然而事情的发展似乎并不像人们想象的那么顺利，在 Siri 等聊天机器人风靡后，其发展似乎一度进入了瓶颈期。

到了 2018 年，聊天机器人的狂热已经骤减。由于自然语言理解技术似乎并没有如人们所预想的那样快速发展，聊天机器人领域的发展已经尽显疲态。虽然微软和谷歌的自然语言处理模型构建都有了很大的突破，但这些模型的泛用性似乎都没有得到很好的验证。中国的阿里客服小蜜、微软的小冰虽然显现出了很高的自然语言理解与处理能力，但市面上大部分聊天机器人对于人类语言的理解能力仍十分有限，大部分聊天机器人的自然语言的理解和处理都存在很大漏洞。技术发展进入了平台期，聊天机器人产品的推出也逐渐后劲不足。2019 年，Facebook 宣布关闭其 Messenger，其他公司也开始削减聊天机器人业务，包括时尚零售商埃韦兰斯，该公司宣布客户的通知信息将恢复成电子邮件的方式。正如 Tay 的快速退场一样，在技术发展不尽如人意的时候，推出有趣的、足以吸引用户和媒体注意，同时又足够可靠的在线聊天机器人并不容易。聊天机器人的发展逐渐由早期的兴奋爆发增长期，逐渐归于冷静。而到了今天，每次谈及聊天机器人，大家的第一反应可能更多的是电子商务中常见的自动留言功能，比如，“评论获取相关优惠”等。自聊天机器人出世后，人们心目中那种聪明伶俐、情感丰富，可以与人类对答如流的聊天机器人并未出现。面对这样令人失望的现状，国外媒体曾评论道：“我不确定能不能说聊天机器人死了，因为我不知道它是否活过。”

在聊天机器人“拟人化”的实现中，机器学习是现阶段实现人工智能的主要手段，而其中深度学习是机器学习的分支，是基于建立和模拟人脑进行分析的特殊机器学习模式，在 2012 年进入研究的爆发期。深度学习技术不断的发展，给了聊天机器人行业新的希望。相对于传统机器学习以数据为经验来驱动计算机模拟人类的经验决策行为，深度学习通过模拟人类的神经元结构来达成数据的处理和结果产出，能处理更为复杂的各类数据并进行决策。通过让计算机学习阅读大量文章，可以使聊天机器人理解前后文的语义，显然不用像过去一样，一字一句地教导计算机进行语言知识的学习。目前我们最经常接触到的聊天机器人，如 Siri、Cortana、小爱同学之类的，就是依托深度学习及自然语言处理技术的崛起后各种技术发展的结果，而 ChatGPT 更是建立在高度集成发展的先进人工智能基础之上的。在前几年，聊天机器人还只能尽量让文本生成模型说人话，基本的语法合理性和语义合理性还很难满足，从目前 ChatGPT 的效果来看，语法和语义合理性已经不再是问题了，甚至还能展示出超强的知识储备、联想及逻辑计算能力。这证明聊天机器人的能力正在向下一阶段进化。聊天机器人实现了语法和语义合理性方面的突破后，可精准解决人工服务现存痛点，如设置 24 小时在线，不间断地进行客服应答及业务处理；快速解决重复性问题，并根据业务流程，引导用户厘清复杂、模糊问题，给予用户直接清晰的问题回复；对语音文本对话数据进行智能分析与质检，帮助企业深度挖掘数据价值，有着巨大的发展潜力。据相关研究机构统计，聊天机器人行业 2019 年市场规模为 14.0 亿元，2020 年市场规模为 27.1 亿元，预计 2025 年市场规模将达到 98.5 亿元。从增长曲线来看，聊天机器人行业的市场规模在近几年会有较快增长，在达到一定体量后步入稳定增长。ChatGPT 带来热潮的同时，也为相关领域的产业发展带来了新的希望，聊天机器人、人工智能等领域未来将呈持续增长态势。

（二）ChatGPT 的技术演进

2016 年 6 月 21 日，OpenAI 宣布了其主要业务发展目标。当时，OpenAI 创始人、研发主管伊利娅·苏特斯科娃（Ilya Sutskever）等联合发表博文称："我们正致力于利用物理机器人（现有而非 OpenAI 开发）完成基本家务。"其博文明确提及制造"通用"机器人和使用自然语言的聊天机器人将是一段时间内 OpenAI 研发的重点目标。确定目标后，OpenAI 一直矢志不渝地致力于自然语言处理的人工智能模型研究和聊天机器人的开发，而后因推出 GPT 系列自然语言处理模型而闻名。从 2018 年起，OpenAI 开始发布生成式预训练语言模型 GPT（Generative Pre-trained Transformer），可用于生成文章、代码、机器翻译、问答等各类内容。2019 年 2 月发布的 GPT-2 参数量为 15 亿，同年 3 月 OpenAI 宣布从"非营利"性质过渡到"封顶营利"性质，利润上限为任何投资的 100 倍。2019 年 7 月 22 日，微软投资 OpenAI 10 亿美元，并获得了 OpenAI 技术的商业化授权，宣布双方将携手合作替 Azure 云端平台服务开发人工智能技术，从此 OpenAI 的一些技术开始出现在微软的产品和业务中。2020 年 6 月 11 日，OpenAI 宣布了 GPT-3 语言模型，参数量达到了 1750 亿。与此同时，OpenAI 发布了 OpenAI API，这是 OpenAI 第一个商业化产品，OpenAI 正式开始了商业化运作。2020 年 9 月 22 日，微软获得使用 GPT-3 模型的独家授权，使之成为全球首个享用 GPT-3 能力的公司。2023 年 3 月 14 日，OpenAI 正式发布了升级后的 GPT-4。与之前相比，GPT-4 不仅展现了更加强大的语言理解能力，还能够处理图像内容，在考试中的得分甚至能

图 1-3　2019 年 7 月 22 日，微软宣布向非营利性人工智能研究公司 OpenAI 投资 10 亿美元研发通用人工智能（AGI），并建立独家计算合作伙伴关系，以构建新的 Azure AI 超级计算技术　图片来源：中新图片 / 陈玉宇

超越 90% 的人类。目前，ChatGPT 的 Plus 订阅用户已经可以使用 GPT-4。“GPT-3 或 3.5 像一个六年级学生，而 GPT-4 像一个聪明的十年级学生。”有美国初创企业人士这样评价。

OpenAI 推出的 GPT 模型是一种自然语言处理模型，使用 Transformer（多层变换器）来预测下一个单词的概率分布，通过训练在大型文本语料库上学习到的语言模式来生成自然语言文本。OpenAI 推出的每一代 GPT 模型的参数量都呈爆炸式增长，从 GPT-1 到 GPT-3 每一代模型的训练数据量进化明显，随着数据量的提升，GPT 系列模型的智能化水平越来越高，堪称“越大越好”。从 GPT-1 到 GPT-4，GPT 系列模型的智能化程度不断提升，具体对比情况如表 1-1 所示。

表 1-1　GPT 家族主要模型相关数据对比

模型	发布时间	参数量	预训练数据量
GPT-1	2018 年 6 月	1.17 亿	约 5GB
GPT-2	2019 年 2 月	15 亿	40G
GPT-3	2020 年 5 月	1750 亿	45TB
GPT-4	2023 年 3 月	千亿级	百 T 级

ChatGPT 可以实现的功能包括问题解答、撰写文章、文本摘要、语言翻译和生成计算机代码等，一经推出便备受瞩目。ChatGPT 包含了更多主题的数据，能够处理更多小众主题。ChatGPT 嵌入了人类反馈强化学习以及人工监督微调，因而具备了理解上下文、连贯性等诸多先进特征，解锁了海量应用场景，ChatGPT 的到来也是 GPT-4 正式推出之前的序章。

图 1-4　2023 年 3 月，OpenAI 宣布推出 GPT-4。图为 GPT-4 宣传短片画面

图片来源：OpenAI 官网

（三）ChatGPT 的未来发展

2023 年可能是 ChatGPT 非常受关注的一年，也有可能是制约因素逐步被技术所迭代、后续逐渐克服发展局限的一年。ChatGPT 模型的出现对于这种文字模态的人工智能生成内容的应用也具有非

常重要的意义。根据目前对于人工智能发展的认识，当前很多业内的从业者对于 ChatGPT 还是保持一种观望的态度，主要还是在持续地考量模型回复的准确性。

对于 ChatGPT 的技术进化方向，已有很多相关研究机构及智库给出了展望：一是在 ChatGPT 中引入搜索技术。有人已经作出了几个搜索引擎插件来为 ChatGPT 补充输入数据。而 OpenAI 自己也已研发了 WebGPT，希望使用在线搜索结果作为答案来源，只是尚未与 ChatGPT 进行整合。ChatGPT 并不是要替代搜索引擎，而是要在其中集成搜索引擎。二是将 ChatGPT 与知识图谱结合。知识图谱本质上就是揭示这些实体之间关系的语义网络。它由节点和边组成，节点对应的就是实体或属性，而边则对应实体之间的关系。知识图谱此前作为搜索引擎的重要技术，其知识的构建往往是抽取式的，包含一系列知识冲突检测、消解过程，知识的每个构建环境都能溯源，而 ChatGPT 常常出现事实谬误的问题，利用知识图谱的技术和方法，可以增强 ChatGPT 的知识推理能力，并使知识可溯源，增强知识的可解释性，使 ChatGPT 的问题可以得到很大程度的缓解。除此之外，ChatGPT 还能提升知识获取的能力，因此这两项技术能够相互迭代、共同促进。三是让 ChatGPT 与多模态技术结合。OpenAI 在多模态技术上的积累已经非常丰富，OpenAI 开发的 DALL·E 和 CLIP 都已经是非常成熟的多模态模型，而其语音识别模型 Whisper 的能力也已发布并已达到人类水准。已经推出的 GPT-4 模型就已包含图文视频等多模态。四是还应让 ChatGPT 与具身智能结合。具身智能又称人形人工智能，通常具备人类的外形，并能通过传感器和人工智能算法模拟人类的运动、语言、表情和思维等能力，在应用方面，可以用来提供客服、保姆等便捷服务。关键是在技术上，具身智能还可以与环境交互，真正让模型在现实中学习，投入现实世界，这是人工智能与人类“目标对齐”的重要技术路径。OpenAI 在 2022 年 6 月推出的 VPT 模型是这个方向的范例之一。五是还需在 ChatGPT 中引入负责任人工智能技术。ChatGPT 在拒绝回答自己不懂或其他敏感话题等方面已经进行了大量训练。结合 prompt 加密、联邦学习等技术，可以进一步保护用户隐私，扩展业务范围。

目前 ChatGPT 的商业应用场景是非常广泛的，只要能够有效地克服以上提到的制约因素，它在众多行业都可能会产生变革性的影响，特别是在客户服务、教育、家庭陪护等领域可能会率先落地。未来，ChatGPT 可能会跟这种图像图形的人工智能生成内容的模型相结合，可以使从文字表述到图片生成的人工智能创作辅助工具进行更多应用。或者是能够接受其使用成本的一些领域可能会率先使用，ChatGPT 可能会构建一个新的技术生态，但目前所学习的还是互联网上公开的知识，可能还不能解决具体行业、企业一些个性化的问题，所以需要企业在相关的纵深行业、垂直细分行业进行二次训练，这可能产生很高的二次训练成本。因此，可能需要很多优秀的公司不断地优化，能够推出一些更贴近客户需求和痛点的解决方案的产品。例如，作为这种虚拟人的公司，可以针对某个行业中的企业单独形成一些垂直化的解决方案，利用 ChatGPT 技术进行专业私有化知识的迭代，使它具备解决实际问题的能力，这可能是 ChatGPT 后面的一个应用方向。在结合以上技术后，ChatGPT 的应用场景可以得到更大扩展。

三、ChatGPT 的竞争力分析

为应对 ChatGPT 的挑战，全球科技巨头纷纷下场角力，谷歌、微软和亚马逊等都在力推自己的人工智能平台，一时间智能领域“狼烟四起”。面对竞争激烈的人工智能角斗场，ChatGPT 胜算几何？本部分我们将从 ChatGPT 的竞争对手、核心优势、功能局限性几个方面对 ChatGPT 的竞争力进行分析。

（一）ChatGPT 的重要竞争对手

ChatGPT 相关产业有望得到持续加速发展。和大多数的科技成果一样，能够吸引最多开发者和现实世界应用程序的人工智能平台通常会成为赢家。而 ChatGPT 的竞争对手首推最强竞品——Claude。说到 Claude，就不得不提到它的开发团队——Anthropic。因不满老东家成为微软附庸，11 名 OpenAI 前员工怒而出走，成立了名为 Anthropic 的新公司。在强大的团队和技术支撑下，创立之初，Anthropic 就得到了不少硅谷科技大佬的青睐，并获得了 1.24 亿美元的资金支持。投资者阵容主要是来自硅谷的明星企业家，包括 Facebook 联合创始人达斯汀·莫斯科维茨（Dustin Moskovitz）、学术和信息科技首席执行官詹姆斯·麦克莱夫（James T. McClave）、Skype 联合创始人贾恩·塔林（Jaan Tallinn）和谷歌前高管埃里克·施密特（Eric Schmidt）等。在谷歌投资之前，Anthropic 筹集了超过 7 亿美元的资金。“硅谷立场”网站报道称，谷歌之所以选择 Anthropic，是因为它的主要研究人员曾是 OpenAI 的成员。谷歌和 Anthropic 合作是追赶微软在快速增长的人工智能市场中的领先地位的策略之一。相关报道显示，包括达里奥·阿莫迪（Dario Amodei）在内的 Anthropic 团队中的大部分成员，都曾参与过 GPT-2、GPT-3 模型的研发工作。2022 年 12 月，Anthropic 团队在 arXiv 上发布了一篇论文，直接对标 OpenAI 的 GPT-3 模型。这家硅谷新星公司目前估值 50 亿美元，如今带着 ChatGPT 最强竞品——Claude 聊天机器人杀回战场。2023 年 1 月，Anthropic 已经公布正在测试中的新型聊天机器人 Claude，目的就是与 ChatGPT 争锋。拿到内部试用权的网友在简单对比后惊叹，看起来 Claude 的效果要比 ChatGPT 好得多。作为一个人工智能对话助手，Claude 自称基于前沿自然语言处理和人工智能安全技术打造，使目标成为一个安全的、接近人类价值观且合乎道德规范的人工智能系统。达里奥·阿莫迪表示，Claude 恪守人工智能的道德准则，“我们最初把 Claude 作为人工智能安全性的试验平台，用于探究如何让人工智能系统变得有用、诚实和无害”。Claude 在工作原理上和 ChatGPT 十分相似，分为监督学习和强化学习两个阶段，Anthropic 将这项技术称为原发人工智能，主要是靠强化学习来训练偏好模型，并进行后续微调。在监督学习阶段，Claude 首先会对初始模型进行取样，进而根据模型结果继续产生自我修订，并根据修订效果对模型进行微调。在强化学习阶段，Claude 会在监督学习结果的基础上继续对微调模型进行取样，基于 Anthropic 打造人工智能偏好数据集训练的偏好模型，作为奖励信号进行强化学习训练。Claude 采用的原发人工智能方法与 ChatGPT 采用的人类反馈强化学习（Reinforcement Learning with Human Feedback，RLHF）最大的区别在于，Claude 是基于偏好模型而非人工反馈来进行训练的，这种方法又被称为人工智能反馈强化学习（Reinforcement Learning from AI Feedback，RLAIF）。并且根据 Anthropic 团队的说法，Claude 可以回忆 8000 个标记（Token）里的信息，这比 OpenAI 现公开的任何一个模型都多。

与此同时，谷歌推出了 Bard 人工服务，同样被视为 ChatGPT 的强劲对手。2021 年 5 月，谷歌推出了大语言模型 LaMDA。2022 年初，其官方论文介绍，LaMDA 模型使用多达 137B 个参数训练，展示了接近人类水平的对话质量。2023 年 2 月 7 日凌晨，谷歌首席执行官桑达尔·皮查伊（Sundar Pichai）宣布，推出一款名为 Bard 的实验性对话人工智能服务，提供类似 ChatGPT、由 LaMDA 模型支持的对话式人工智能服务。从官方公布的图片来看，Bard 有着和 ChatGPT 类似的对话框，但和 ChatGPT 不同的是，Bard 可以简化复杂的主题，比如通过简单的描述向 9 岁的孩子解释宇宙起源或人工智能算法。此外，由于 Bard 虽然是基于 LaMDA 模型运行，但由于当前用的是需要的计算能力更少、更轻量的版本，所以能够扩展到更多的用户，获得更多的反馈。Bard 先向部分开发者开放，未来还将和更多公众见面。谷歌首席执行官亲自发布公开信，Bard 被列为“code red”优先级项目，由此可见，谷歌作为行业老大终于和 ChatGPT 正面交锋了。

除谷歌外，亚马逊也加入战场。亚马逊早前推出的 AWS Lex 是一项包含自然语言理解功能的服务，与 ChatGPT 十分相似。亚马逊 Lex 是一种完全托管式人工智能服务，具有高级自然语言模型，可用于在应用程序中设计、构建、测试和部署对话界面。目前，Lex 支持包括虚拟呼叫中心代理、信息检索和企业生产力应用程序等各种各样的用例，它基于亚马逊的核心技术 Alexa 之上，开发人员创建的技能本质上是应用程序组件，之后可以将这些技能组合在一起，以构建更复杂的聊天机器人界面。亚马逊 Lex 建立在和亚马逊 Alexa 相同的机器学习技术基础上，利用亚马逊 Lex 拥有的算法功能，可以通过集成开发应用程序建立对话及处理语音和文本。对于亚马逊云计算服务 AWS 来说，Lex 可以面向广大的客户基群开放，可进一步扩大系统规模。此外，利用亚马逊云计算服务 AWS 提供的人工智能式托管服务，更多的企业可能会试用 Lex 和构建应用程序，会由更多的软件开发企业利用亚马逊 Lex 构建和部署语音识别和自然语言应用程序，开发和构建具规模的系统。亚马逊云计算服务 AWS 如果利用 Lex 取得成功，那么未来可能会有更多人工智能应用引擎中置入 Lex。开发人员可利用亚马逊 Lex 构建对话应用程序，对语音或文本输入进行解析，而这些对话应用程序可以部署在智能移动设备或 Facebook Messenger 和 Slack 等聊天机器人中。对于消费者来说，Lex 也可以用于开发更多购物网站，例如，利用 Lex 可开发有集成电子商务应用程序的门户网站。由此可见，对于个人和企业，亚马逊 Lex 都有广阔的用户市场。亚马逊为 iOS 和 Android 设备均提供 Lex 软件开发套件以及 Java、JavaScript、Python、.NET、Ruby on Rails、PHP、Go 和 C++ 等网络应用程序。亚马逊云计算服务 AWS 于 2023 年 2 月 21 日发布了与人工智能创业公司 Hugging Face 的合作，Hugging Face 将为 ChatGPT 提供开放源码的竞争对手，并为 Bloom 搭建一个开放源码的语言模型，这是各大技术公司联手打造的新一步。Hugging Face 首席执行官克莱门特·德兰格（Clement Delangue）表示，新一代 Bloom 是一款开放源码的人工智能，其规模和功能都能与 OpenAI 开发的 ChatGPT 模式相抗衡。

与此同时，国内互联网大佬也在 ChatGPT 之后纷纷下场。国内很多科技大厂纷纷透露与 ChatGPT 竞争的布局，原美团联合创始人王慧文宣布个人出资，打造中国版 OpenAl，百度已于 3 月 16 日正式推出类 ChatGPT 应用“文心一言”，京东云旗下言犀人工智能应用平台推出产业版 ChatGPT——ChatJD，阿里巴巴达摩院正在研发类 ChatGPT 的对话机器人，腾讯正有序推进相关方向的专项研究，小米在 ChatGPT 领域有丰富落地场景，未来将加大相关领域人力和资源投入，科大讯飞的类 ChatGPT 技术将于 2023 年 5 月落地，率先用于人工智能学习机。

总的来说，ChatGPT 的诞生让与之相关的应用开发也随之日渐成熟，为相关领域各行业的创新带来了巨大的想象空间。我国未来是否会诞生下一个如同 ChatGPT 般现象级应用产品，非常值得期

图 1-5　2023 年 3 月 16 日，百度举办发布会，正式发布旗下预训练生成式大语言模型产品“文心一言”

图片来源：“文心一言”官网

待。目前跟 ChatGPT 相似的人工智能模型开发和聊天机器人功能实现都还处于早期技术探索阶段，多数企业还难以确定哪些工具和实现方式是其开发和运营的最佳方式。究竟什么样的人工智能机器人会在未来建立，目前还不确定。但我们现在处于一个长期的实验阶段，不少技术和产品都会在发展中被逐渐淘汰，渐渐地我们将会看到自己想要的那种人工智能产品最终“占领高地”。

（二）ChatGPT 的核心优势

ChatGPT 在对话过程中会记忆先前使用者的对话讯息，用于后续对话中完成上下文理解，这就使 ChatGPT 和大家在生活中用到的各类“人工智障”式智能音箱不同，它可以回答某些假设性的问题。同时，ChatGPT 可实现连续对话，用户使用 ChatGPT 的对话交互体验感可得到极大地提升。ChatGPT 性能和用户体验感的大大提高，主要在于其引入了新技术——基于人类反馈的强化学习（RLHF）。自人工智能诞生之日起，人们就致力于研究如何让人工智能模型的产出和人类的常识、认知、需求、价值观保持一致，人类反馈强化学习技术的最大进步就在于解决了人工智能生成模型的这一核心问题。利用人类反馈强化学习模型，ChatGPT 可以实现 AIGC 技术进展，促进利用人工智能进行内容创作、提升内容生产的效率与丰富度。ChatGPT 具有低成本，不需要大量的运行空间和计算机资源的优势，可以让用户获得更多更有效的服务，实现快速聊天，节省客户的时间，提高服务效率。因此，目前看来，与前期其他人工智能机器人相比，ChatGPT 突出的优点在于，它可以主动承认自身错误。若用户指出其错误，模型会听取意见并优化答案；可以质疑不正确的问题。例如，被询问“哥伦布 2015 年来到美国的情景”的问题时，机器人会说明哥伦布不属于这一时代并调整输出结果；可以承认自身的无知，承认对专业技术的不了解；支持连续多轮对话；具有一定预测模型，可以实现准确的自动聊天服务推荐，根据用户的实际环境、聊天技巧和需求来完成精准的推荐；可以自动聊天，也可以辅助实时服务，根据用户的不同需求进行智能的“服务”；可以与现有的聊天技术集成，具有很高的适应性，不需要其他软件或者插件；可以很快地将 ChatGPT 集成到现有软件中；可以模拟用户，实现与用户进行交互，为用户提供友好的服务；还可以被动地吸取、理解用户的信息，实现自我学习，提高服务效率；可以对系统进行统一的监控，确保系统的高效运行，提高服务质量。

（三）ChatGPT 目前有何局限

只要用户输入问题，ChatGPT 就能给予回答，这是否意味着不用再拿关键词去问谷歌或百度这类搜索引擎，我们就能从 ChatGPT 那里立即获得想要的答案呢？实际上，尽管 ChatGPT 表现出出色的上下文对话能力甚至编程能力，可以说是目前为止人工智能中具有比较先进水平的产品，完成了大众对人机聊天机器人从“人工智障”到“有趣”的印象改观，但是我们也要看到，ChatGPT 技术仍然有一些局限性，并没有大家想象的那么先进，它的进步空间还是非常大的。

由于 ChatGPT 的推出非常急切，因此它自身存在很多的不足。ChatGPT 在 OpenAI 的研发团队警告过用户，该款模型存在一些问题，而经过发布后数月之内全球网民的反复使用，用户们也确实发现了 ChatGPT 存在的先天不足。首先，由于 ChatGPT 是一个大型语言模型，它只能基于背后的大型语言模型的训练数据集来回答用户提出的问题，而他的训练数据集并不具备网络搜索功能，其最近数据更新的时间截止于 2021 年，对于 2021 年后至今的任何事件，ChatGPT 无法给出准确的答案。例如，它不知道 2022 年世界杯的情况，也不会像苹果的 Siri 那样回答今天天气如何、或帮你搜索信息。此外，ChatGPT 回答的准确度是不可信任的，它在很多领域可以“创造答案”，但当用户寻求正确答案时，ChatGPT 也有可能给出有误导的回答。例如，当用户想利用 ChatGPT 获取专业的准确信息（如写代码，查药方等）时，ChatGPT 因其训练数据库的限制，再加上 ChatGPT 优秀的逻辑引申能力，语言组织相对其他的“人工智障”对话机器人更有条理，很容易开始“一本正经地胡说八道”，让人无法分清 ChatGPT 的回答是真实的还是虚构的。例如，让 ChatGPT 做一道小学应用题，尽管它可以写出一长串计算过程，但最后答案是错误的。因为 ChatGPT 并非 100% 稳妥可靠的，所以用户使用 ChatGPT 时需要具有鉴别回答质量与准确性的专业能力。由于准确性问题，代码交流网站 StackOverflow 已经禁止用户在其网站上引用 ChatGPT 生成的代码，也就意味着还是需要大量的测试。ChatGPT“一本正经地胡说八道”的问题，主要原因在于其模型的训练方法存在漏洞：因为问答场景是开放性的，因此 ChatGPT 问答更重要的是每一步回答的选择，而训练好的模型在回答问题时，ChatGPT 采用的是答案打分机制，对于各种可能的答案进行打分排序，判断无理还是有理的结果都可以是灰色的，这就造成了模型构造的错误结果被混入。例如，（排名更靠前的）A 句比（排名靠后的）B 句好不等于 A 句里没有犯常识或事实错误。这需要人工智能进一步细分。当然，这个问题并不是没有解决的办法，只是要解决这个问题需要做很多基础性的工作，例如，进一步丰富训练数据库、优化训练模型等。其次，ChatGPT 回答的准确性也会受到提问者的影响。由于截至目前 ChatGPT 的训练数据量比较少，无法处理复杂冗长或者特别专业的语言结构，难以应对复杂的对话场景，尤其是对于来自金融、自然科学或医学等非常专业领域的问题，如果没有进行足够的语料“喂食”，ChatGPT 可能无法生成适当的回答。最后，与其他人工智能产品一样，ChatGPT 是建立在庞大的训练数据库基础上的，在应用时仍然需要大算力的服务器支持。ChatGPT 的训练时间也比较长，需要一定的大量计算资源，在使用时需要耗费非常大量的算力（芯片）来支持其训练和部署。因此，ChatGPT 存在明显的运行实时性难题，在应对一些比较复杂的对话场景时就会宕机。不仅运行实时性存在问题，而且 ChatGPT 的运行成本也是相当惊人的。由于目前使用时需要惊人数量的计算资源才能运行和训练，ChatGPT 运行需耗费的成本是普通用户无法承受的，数十亿个参数的模型面向真实搜索引擎的数以亿计的用户请求，如采取目前通行的免费策略，任何企业都难以承受这一成本。因此，ChatGPT 未来的发展完善还需要解决算力、语料库等多方面的问题，使用更高性价比的算力平台，为普通个人用户和企业用户提供更轻量型的模型。

ChatGPT

第二章

ChatGPT：最前沿的自然语言处理技术

ChatGPT 的核心技术是什么，它如何实现人类反馈强化学习?

ChatGPT 是一个非常出色的自然语言处理模型。它的横空出世，引起了人类不小的轰动。人们惊叹于它的神奇以及它在自然语言处理领域表现出来的惊人能力，同样对它为什么能拥有这么强大的能力而好奇。深度学习的发展，推进了自然语言处理技术的发展。随着大规模预训练模型的出现，自然语言处理技术进入了一个全新的时代。ChatGPT 就是这个时代成功的产物。那么，它到底是怎么做到的？它在发展的道路又经历了什么？现在我们就来揭开它神秘的面纱，一起来看看这个神秘的 ChatGPT 背后的核心技术。

一、ChatGPT 的整体技术流程

一个成功产品的出现，离不开它背后的技术。ChatGPT 也不例外，强大的技术核心造就了它的成功。当强势地出现在大众视野中时，它引起的轰动程度相较于当年 AlphoGo（阿尔法围棋）的出世，有过之而无不及。在本节中我们将看到促使它成功的两大核心技术：Transformer 模型和人类反馈强化学习，并猜想一下它的实现过程。

（一）自然语言处理

首先我们来谈谈什么是自然语言处理，大致可以将其分为“自然语言”和“处理”两个部分。所谓自然语言，就是人类的语言。我们都知道，人类的语言有很多种，并且使用起来非常灵活。不同的国家有不同的语言，例如汉语、英语、法语、德语、日语等。同一种语言在不同的场合下，表达方式也不一样。比如，在日常生活中，我们的表达更为口语化一些，甚至不必符合语法规则，只要能够让听者理解意思即可。但如果在正式场合，或者以书面形式表达，选择方式就会更正式。另外一个部分就是“处理”，这里“处理”的操作者并不是指人类，而是指计算机。整个“处理”过程就是将自然语言输入计算机中，通过计算机对其进行一系列的操作处理，最后产生我们所期望的结果。

自然语言处理的应用非常广泛，例如信息提取：通过自然语言处理，可以在指定的文本范围中提取出一些重要信息，例如时间、地点、人物、事件等，帮助人们节省大量时间成本，且效率更高。智能问答：可以针对用户的提问，给出合适的回答，例如可以24小时不间断地为客户服务的智能客服。机器翻译：将一种语言的文本通过计算机自动翻译成另外一种语言的文本，例如我们熟悉的百度翻译、有道翻译、谷歌翻译等。舆情分析：能够通过获取互联网上的海量信息，对舆情进行自动化分析，快速给出当前的热点话题，并对热点话题的传播路径及发展趋势进行分析判断，及时对网络舆情进行监督和掌控，等等。正如机械对人类的贡献是解放了人类的双手和双脚，自然语言处理则帮助人类处理了大规模的自然语言信息。随着发展，这项技术可以实现从最初的辅助作用到最终实现替

图 2-1　百度翻译　　图片来源：百度官网

代。例如，ChatGPT 在很多方面几乎可以达到人类的水平。

（二）ChatGPT 的核心技术

接下来将介绍 ChatGPT 的两个核心技术，Transformer 和人类反馈强化学习，它们的出现推动了自然语言处理技术突飞猛进的发展。我们来看看这两个核心技术到底是什么。首先来介绍 Transformer。说到 ChatGPT 的核心技术，不得不说到的是它使用的一个核心技术模型 Transformer。Transformer，这个词我们可以翻译成“变形金刚”，一个很有意思的名字。就是这样一个有意思的模型，可以解决我们的大问题。假如我们要做一项把中文翻译成英文的工作，那么我们希望有这么一个模型。当我们把中文“早上好！”输入这个模型后，它就可以输出英文“Good morning!”，从而完成了中英翻译的工作。只要这个模型足够强大，我们就完全可以把它看成一个有经验的翻译官。现在我们要做的事情就是去生成这样一个有经验的翻译官，而 Transformer 完全可以胜任这个翻译任务。Transformer 最初的功能就是机器翻译。在 Transformer 出现之前，我们一直用 RNN（循环神经网络）系列模型来完成机器翻译的工作，这个模型我们会在本章最后一节给大家介绍。RNN 系列模型可以帮助我们实现各种序列化问题，如文本、语音、视频等。当然，也包括我们这里说的机器翻译。

在很长一段时间之内，RNN 系列都是我们处理序列化问题的主要技术。但是它存在着一些让我们困惑的问题。例如，RNN 模型无法实现并行化处理，因为在它的模型结构中，后续神经元的输入将等待前序神经元的输出。也就是说，在一个句子中，每个单词都要等待它前序单词的隐藏状态输出以后才能开始处理，这是一个典型的串行结构，对现在大规模并行化的处理模式非常不友好。如果说这个问题只是影响并行性的话，还有另一个更让人头疼的问题，就是我们常说的“可怕的梯度消失”问题。这个问题可以导致 RNN 记性变得很差，并且长期困扰着我们。具体说来，就是如果输入的语句非常长，网络可能会出现遗忘现象。例如，我们想让机器生成这么一段话：“丽丽背着书包去上学，这是一个晴空万里的早上，小鸟在歌唱，太阳公公在微笑，路上碰到小朋友对（ ）说：‘早上好，我们一起上学校。’”那么这里应该用“他”还是“她”呢？由于这句话太长，网络到了括号这里就不记得前面到底说的是女孩还是男孩，括号内应该填写“他”还是“她”了。后来人们对 RNN 进行了改进，例如，著名的长短期记忆网络（LSTM）以及门控循环单元（GRU），在各方面性能上它们确实比 RNN 提升了不少，但还是存在一定的问题。

随着技术的推进，Transformer 应运而生了。2017 年，谷歌在 NISP（NeurlPS，神经信息处理系统大会）2017 上发表了一篇名为 *Attention Is All You Need* 的论文。这篇文章提出了大名鼎鼎的 Transformer 模型，从此 Transformer 在自然语言处理领域中大热起来。后来取得成功的 Bert 和 GPT 都归功于这个模型，当然这都是后话了。我们回到这篇论文上，Attention 这个词，如同它所表达的意思一样，成功引起了我们的注意。这也是 Transformer 模型的一个新机制——注意力机制。我们来简单描述一下什么是注意力机制。当我们听到一段话的时候，这段话中虽然有很多词，但是它们对这句话的贡献并不一样。我们的注意力总会在那么一两个关键词上。例如，当你正坐在宿舍悠闲地玩着游戏的时候，突然同学进来对你说："刚刚我在回宿舍的路上遇到了张老师，他告诉我今天晚上要考试，让我们好好准备一下。"听到这句话时，你的关注点会在哪里？这句话虽然很长，但是你并不会关心他是在哪里遇到的老师，而你最关心的应该是，晚上要考试这件事情。所以你会把整句话的焦点放在"考试"这个词上，这是我们人类在长期训练和实践中练就的能力，无论是声音、文本、图像还是视频，我们都能快速地找出它的关键点所在。那么，在自然语言处理任务中，如果模型有了这个能力，就能通过对上下文的判断，在众多信息中，知道哪些信息重要，哪些信息并不重要，并将注意力放在那些重要的信息上，这就是注意力机制。这种机制不仅能用在文本上，同样也能用在图像上。

那么如何对这些注意力进行表示呢？在该模型中，它是通过权重系数来实现的，那些重要的信息将会有更高的权重，而那些不太重要的信息权重值则非常低。例如，我们在做机器翻译任务的时候，当我们输入一句中文“我是一名学生”，对应输出的英文应该为“I am a student.”。这时，在翻译英语单词“student”时，中文单词“学生”的权重将会很高，而其他单词的权重将会相对较低。有这样一个机制，当我们向模型输入信息的时候，它就能关注到那些有价值的信息。这里先简单介绍一个概念——词向量。众所周知，计算机是读不懂人类语言的，词向量就是把一个单词转换成对应向量的表达形式，可以让计算机读取。在我们对单词做词向量编码的时候，不能只简单考虑当前的这个单词，而是要全局考虑当前这个词的上下文语境。要将整个上下文语境融入这一个单词的词向量当中。因为同样一个单词在不同的上下文中，表示的意思可能是不一样的。例如，“这次没考好没关系，不要有思想包袱”与“小明背着他的小包袱，开开心心地和同学们去郊游”两句话中同样是“包袱”，但所表达出来的意思完全不同，这种现象在自然语言处理中是常见的。

在 Transformer 中，采用了自注意力机制，将上下文信息融入每个单词，以增强单词的表示，解决了深度网络记性差的问题。它的原理就是计算文本中的每一个词与所有词之间的“关系”。例如，有这么一句话，“今天空气很新鲜”，它们对应的词向量分别是 V（今天）、V（空气）、V（很）、V（新鲜）。通过 self-attention 计算每个单词与所有单词之间的关系，可以得到“新鲜”这个单词的词向量 V（新鲜）=0.3*V（今天）+0.3*V（空气）+0.2*V（很）+0.2*V（新鲜）。如果对每个词向量都做这样的操作，那么每个单词除记录了单词本身，还记录了上下文的信息。同时，Transformer

还采用了多头注意力机制来捕获更多、更丰富的特征。Transformer就是这样一个基于注意力机制的网络结构，它可以将句子中每个单词与句子中所有的单词（包括要计算的这个单词自己）进行并行计算，得到这个词与句子中每个单词的“关系”，从而确定这个词在整个句子里准确的意义，成功突破了时序序列的屏障。从最早的机器翻译开始，后来 Transformer 模型又被应用在了图像、语音、视频等各个领域。

ChatGPT 的另一个核心技术就是人类反馈强化学习。这是最近非常流行的一个技术，它是机器学习中的一个领域。但是不同于其他经典的机器学习算法，它是通过智能体与环境之间的交互来学习信息的。例如，我们想训练一个会跳舞的机器人，如果它能跟上节拍作出相应正确的动作，则会给它一个奖励；如果动作错误，则会给它一个惩罚。再如，我们想训练一个会下棋的机器人，我们并不会告诉它具体怎么去下棋，而是会给它反馈，如果对弈赢了则给它一个奖励，否则给它一个惩罚。大家熟知的围棋大师 AlphaGo 的核心技术之一就是强化学习。可见强化学习是相当实用且强大的。

而 ChatGPT 使用的技术是人类反馈强化学习，它在强化学习的基础上稍作改进，加入了人工的指导，下面我们就来看看什么是人类反馈强化学习。DeepMind 和 OpenAI 联合发布的一篇名为 *Deep Reinforcement Learning from Human Preferences* 的论文对基于人类反馈的强化学习方法进行了描述。一般来说，强化学习的整个过程不会受到人类的干预，而人类反馈强化学习则是通过人工标注作为反馈，从而提升了强化学习的表现效果。当然，我们有这样做的理由。因为，很多时候通过训练得到的模型并不是那么受我们的控制，如 ChatGPT 这种对话机器人，我们希望它能完美地回答问题，并符合大众的认知。但是情况往往可能不尽如人意，例如，你问它："癞蛤蟆和天鹅谁好看？"它可能会告诉你："癞蛤蟆好看。"这样的回答是没有任何语法错误的，但结果不太符合我们大众的认知。这时我们就希望能通过人类对其结果进行评判。将人类反馈的结果作为强化学习的奖励传递给智能体，基于人类反馈的强化学习就这样应运而生了。ChatGPT 就是在一个预训练语言模型上通过人类反馈的强化学习训练出来的。下面我们来揭开 ChatGPT 的神秘面纱，看看它具体是如何操作的。

（三）揭开 ChatGPT 的神秘面纱

说到 ChatGPT，不得不说的是它的"兄弟"InstructGPT。作为 ChatGPT 的前辈，与 ChatGPT 一样，InstructGPT 也是 OpenAI 推出的对话机器人。随着 ChatGPT 的爆红，大家对 InstructGPT 的关注度也越来越高。截至目前，ChatGPT 的论文以及源码都没有被公布出来。但是它与 InstructGPT 的原理基本相似，所以大家都是通过 InstructGPT 的论文来猜想和推测 ChatGPT 的原理和过程的。我们就在这里给大家浅谈一下 ChatGPT 的原理。我们可以看到来自论文 *Training Language Models to Follow Instructions with Human Feedback* 中的示意图。根据 InstructGPT 的原理作为参考，我们同样将 ChatGPT 整个学习流程分为三个步骤，这里将分别介绍每个步骤所需要做的事情。

第一步：监督调优（SFT）模型。这一步主要是收集数据，训练有监督的策略模型。在训练一开始，需要做的第一件事就是选用一个非常经典的、实用的预训练语言模型作为初始模型。在 ChatGPT 中，选用的是 GPT-3.5 模型。虽然 GPT-3.5 已经很强大了，但是它对人类知识的储备还有所欠缺，所以它经常会一本正经地“胡说八道”，例如，你问它：“糖是甜的还是咸的？”，它会告诉你：“糖是咸的。”你问它：“中国的首都是哪里？”它会告诉你“中国的首都是上海”等一些不太符合人类认知的语句。所以，我们希望它能具备一些人类的知识，而不会犯一些常识性的错误。这里 ChatGPT 采用的方法是找来了大量的人工对 GPT-3.5 模型进行修正。人们随机抽取了一些问题，并准确地给出答案，进行人工标注。将人类的知识告诉模型，例如，通过问题：“糖是甜的还是咸的？”标注答案：“糖是甜的。”通过问题：“中国的首都是哪里？”标注答案：“中国的首都是北京。”这样让它可以具备一定的人类知识。当然并不可能将全部的知识标注进去，因为人类的知识非常多，要做到完全标注是不可能的。在这里也只是对少量的一部分提问进行了标注。有了这些人工标记的数据就可以通过它们来微调 GPT-3.5 模型了。这个被微调过的 GPT-3.5 模型就被称为 SFT 模型。

第二步：训练奖励模型（RM）。通过收集比较数据，来训练奖励模型。这一步的主要的目的就是训练奖励模型，这个模型可以对监督调优模型的输出进行打分，这个分数反映了被选定的人类标注者的一个偏好，当然这个偏好在大多数情况下是符合人类的共同认知的。使用奖励模型对监督调优模型的输出结果进行打分，表示这个输出与人类认知的一个契合度（当然，这个“人类”也是有局限性的，它受限于被选定的人类标注者的群体倾向）。此时，我们已经拥有了监督调优模型。但是通过它给出的回答，虽然不存在语法错误，但仍然不一定能符合人类的认知倾向，当然这是一件比较主观的事情。现在我们要做的事情就是要让这个模型拥有和人类一样的认知倾向。它是如何做的呢？首先，收集比较数据。我们向监督调优模型输入一些问题，它会为每个问题生成多个输出。例如，“你认为西游记中哪个人物最厉害”，该模型可能会输出这样几个结果：“孙悟空”“猪八戒”“土地公”“如来佛”。这时将会找到许多不同的人类标注者，按照他们自己的认知，对输出的结果进行打分，然后按照分数从高到低进行排序，如 A 给出的排序是“如来佛”“孙悟空”“猪八戒”“土地公”。B 给出的排序是“孙悟空”“如来佛”“猪八戒”“土地公”。C 给出的排序是“如来佛”“孙悟空”“猪八戒”“土地公”。不同的人对此问题有不同的见解，所以在这种情况下个人的主观意识比较强。这里会找很多人，将会产生很多种不同的排序。虽然不可能所有人给出的排序结果一模一样，但是这个结果应该是符合大众的认知的。例如，多数人应该不会认为“土地公”是西游记中最厉害的人物。得到比较数据后，将这些数据去训练一个奖励模型。一个好的奖励模型，可以对模型的回答结果进行一个很好的评价，并给出奖励。

第三步：使用近端策略优化模型（PPO）微调监督调优模型。这一步的目的就是用强化学习近端策略优化方法来微调监督调优模型。首先使用监督调优模型（第一步中得到的模型）初始化近端策略优化模型，价值模型为训练奖励模型（第二步中得到的模型）。随机向近端策略优化模型进行提问并得到回答，由奖励模型对回答进行评估和打分。通过这个分数更新近端策略优化模型，使模型得到的分数越来越高。其中第二步和第三步会迭代进行，使训练奖励模型和近端策略优化模型越来越强大。

二、ChatGPT 背后的 GPT-3.5 语言模型

ChatGPT 的火爆出圈得益于预训练语言模型，早期人们在自然语言处理领域做了非常多的研究和尝试，但是效果差强人意。直到预训练语言模型的出现才将自然语言处理技术推到了一个新的高度。正如我们目前所惊叹的 ChatGPT，强势地进入大众视野中。下面让我们透过 ChatGPT 来看看成就它的预训练语言模型到底是什么。

（一）预训练语言模型

2017 年，Transformer 模型诞生了，它标志着一个新时代的开始，从此预训练语言模型开启了新篇章。这是自然语言处理领域近几年最大的突破之一。在介绍预训练语言模型之前，我们先来了解一个概念——迁移学习。假设这里有一个场景："你曾经是一名网球爱好者，今天天气很好，你的朋友约你去打壁球，但是你根本就没打过壁球，本想拒绝，但又经不住朋友的盛情邀请，还是一起去了。到了球场后，你将打网球的经验用在了打壁球上。你惊喜地发现很快你就能熟练地掌握打壁球的技巧，而且发挥得还不错。"这说明，当你有某一个行业经验的时候，你可以将它迁移到其他相近的行业上。这就是迁移学习。

预训练模型就很好地利用了迁移学习这一特点，它先学习知识，此时没有任何具体的任务。把基础知识学扎实之后，需要它做

具体任务的时候，再进行微调。就好比我们培养一个小朋友，我们不知道他长大以后会从事哪个行业，但是我们会让他学习很多基础知识，具备一定的知识积累。当他再去从事具体行业做具体事情的时候，就能利用他所掌握的知识快速上手了。其实预训练模型并不是自然语言处理领域的“首创”技术。在计算机视觉领域，也会经常用到预训练模型，因为我们在做如图像识别、目标检测、图像分割、图像分类等具体任务时，会因为各种原因导致训练结果不理想，所以常用的方法是采用在大规模标准数据集（如 ImageNet 数据集）上训练出来的预训练模型为基础，让模型先学习如何从图片中提取特征等一些基本技能，然后再根据具体任务进行微调使其能更好地完成指定任务。

预训练语言模型就是从大规模的文本数据中预先学习人类的语言知识，如学习单词的用法、语句之间的上下文关系、语法知识等，得到一个通用的文本模型。基础打扎实，在后期有具体任务的时候，我们就可以将这个预训练语言模型拿过来，再对其进行微调，使其能够做一些具体任务。例如，与搜索引擎结合，去处理搜索类的任务。换句话说，预训练语言模型就是在大规模的语料库上进行预先训练，从而学习到人类语言的知识，它是后期做具体任务的基础模型。我们这里说的火爆全球的 ChatGPT 则是基于预训练语言模型 GPT-3.5 优化后的一个模型。可以将 ChatGPT 理解为一个具有强对话功能的通用机器人。GPT-3.5 前面有很多迭代的版本，下面对 GPT 的发展历史进行介绍。

（二）GPT 发展史

2018 年，有两个非常厉害的语言模型横空出世了。一个是 GPT，另一个就是 Bert。它们都是在超大规模的数据中心中训练出来的，其核心都是我们在本章第一节中所介绍的 Transformer 网络。从这个时候开始，语言模型走上了辉煌之路。既然说到了 GPT，我们也顺便说说与它同时出世的 Bert。Bert 是谷歌公司推出的，它的拿手好戏是做完形填空，例如，“我喜欢（ ）的四季如春，有机会我一定要去昆明旅游”。Bert 可以利用上下文来确定括号内应填写的这个词大概率是“昆明”。而与 Bert 擅长做完形填空不一样，GPT 擅长根据前文来预测下一个词，例如，根据“我希望明天天气”来预测后面的单词是“好”。GPT，我们把它翻译过来，就是生成式预训练模型。它是一种深度学习模型，可以用于自然语言处理任务，主要用于生成文本。当我们向它输入一个文本的时候，它会根据任务要求输出一系列新文本。从这一点上来看，GPT 做的事情好像比 Bert 更难一些。总的来说，GPT 是一种非常强大的自然语言处理模型，能够在诸多自然语言处理任务中取得让人惊叹的效果，尤其是现在火爆全球的 ChatGPT。当然，从第一代 GPT 到现在的 ChatGPT，GPT 的发展也经历了好几个版本。我们依次来看看它的历代版本以及它们的贡献。

2018 年，一篇名为 *Improving Language Understanding by Generative Pre-Training* 的论文开启了 GPT 的新篇章，GPT-1 正式与世人相见了。GPT-1 的模型结构比较简单，包括 12 层 Transformer，每一层拥有 12 个注意力头。它使用的 BooksCorpus 数据集，大概拥有 5GB 的文本量，1.17 亿参数量。从这些数据可以看出，GPT-1 并不是很大。GPT-1 是自回归语言模型的代表。所谓自回归语言模型，我们可以将其简单理解为就是一个词一个词地往后进行预测，主要是通过在无标签的数据上学习到一个通用的语言模型，之后再根据特定的任务进行微调。对于 GPT-1 来说，所有的下游任务都需要再做微调。这就好比一个公司招聘了一名新员工，虽然他的能力非常不错，但是在他做每项工作之前还需要再学习培训一段时间。但对于公司领导而言，他还是希望能招聘来一名不需要再培训就能直接工作的员工。在这里同样希望模型在对待下游任务时，不需要再做微调。当然，此时的 GPT-1 是做不到的，直到 2019 年 GPT-2 出现。

2019 年，可能大家熟知 GPT-2 是从一句“Too Dangerous To Release”的回复开始的。OpenAI 称 GPT-2 如果不加任何限制就直接开源发布的话，实在是太危险了。GPT-2 无论是文本量还是参数量都比 GPT-1 大了很多。GPT-2 通过抓取美国社交新闻网站 Reddit 上拥有点赞数超过 3 个的文章，获得了大概 40GB 的文本数据，称其为 WebText。同时模型结构也较 GPT-1 有轻微改变，模型规模也大了很多，参数量增加到了 15 亿。当然，主体上还是 Transforme 模型。与 GPT-1 的语言理解工作不同，GPT-2 发现了它更擅长的东西——生成。例如，它拥有智能问答、机器翻译、写文章、写故事、写剧本等一系列让人震惊的应用，且从它发布的论文来看，效果还是很不错的。GPT-2 同样也是使用自回归语言模型来进行预测的，但是它会不会陷入死循环呢？例如，我们让它生成一个故事，它告诉我们：“从前有座山，山上有座庙，庙里有个老和尚在给小和尚讲故事，从前有座山，山上有座庙 ......”可能会如此循环下去，所以我们希望模型能有点多样性，不那么单调。那么，如何让 GPT-2 能生成具有多样性的文本呢？这就与采样策略有关了。一般来说，模型预测下一个单词时，会给出概率最大的那个。为了让生成的词语有更大的多样性，GPT-2 可以对采样策略中的参数进行调整，实现多样性的输出。

与 GPT-1 相比，GPT-2 的真正强大之处在于，它可以去做 Zero-Shot 任务，Zero-shot 任务也叫零样本任务。它只通过一则任务说明，没有任何范例，直接生成任务要求的数据。刚刚我们在介绍 GPT-1 时说，GPT-1 对于所有下游的任务都需要再做微调，但对 GPT-2 来说就不需要了。它可以通过一些提示，暗示模型需要完成什么任务。例如，我们想让模型做一项翻译任务，只需要给模型一段提示。例如，“请将中文翻译成英文：学生 =>”，模型会输出“student”。这里就不需要模型再为此任务去做训练了。所以相较于 GPT-1，GPT-2 实现了无须对下游任务再做微调。但是它这样做的效果真的很好吗？

时间来到了 2020 年，GPT-3 问世了。相较于前一个版本 GPT-2，它的模型更大了，数据也更多了。除了之前 GPT-2 用的 WebText 数据集的加强版，还增加了图书、维基百科、Common Crawl 等数据集，共 45TB（太字节）的文本，其中纯文本就达到了 570GB（吉字节）。并且其中的数据包罗万象，可以说它上通天文、下知地理。GPT-3 坐拥 1750 亿个参数，是 GPT-2 的 100 多倍。GPT-3 在许多自然语言处理任务上均表现出了非常出色的能力，如机器翻译、智能问答、即时推理、文本填空等，还有一定数学计算的能力。GPT-3 预计每天能产生 450 亿个词。GPT-3 在 GPT-2 的基础上继续进行了改进。除了 GPT-2 中的 Zero-shot 任务，GPT-3 增加了 2 种任务，具有“Few-shot”，“One-shot”和“Zero-shot”3种核心的下游任务方式。我们来分别解释一下这3种任务方式。Zero-shot任务，在GPT-2中我们已经介绍过了，它没有给出任何范例，只输入一则任务说明。One-shot任务，可以输入一个例子和一则任务说明，例如，“请将中文翻译成英文：朋友 =>friend，学生 =>”，模型会输出“student”。Few-shot任务，可以输入多个例子和一则任务说明。例如，“请将中文翻译成英文：朋友 =>friend，计算机 =>computer，数据 =>data，学生 =>”，模型会输出“student”。从GPT-1、GPT-2到GPT-3，其核心改变并不是很多，但是模型参数的数量和文本的数据量越来越多。

深究ChatGPT的结构，我们能发现ChatGPT是在预训练语言模型GPT-3.5的基础上优化得到的一个模型。OpenAI在GPT-3的模型上又做了一些改进，得到了GPT-3.5模型。GPT-3.5重点的训练过程就是人类反馈强化学习。

三、深度学习技术演进带来 ChatGPT

ChatGPT并不是凭空出现的，我们可以透过它看到人类在自然语言处理领域的研究历程。在深度学习技术出现之前，自然语言处理领域使用的是一种基于统计学的自然语言处理技术，虽然现在我们回头再看这种技术会发现其中诸多的不足，但是它也曾经极大地影响了自然语言处理技术的发展，让自然语言处理技术从实验室走向了实际应用。直到深度学习技术的出现，其应用到了自然语言处理领域，极大地推动了自然语言处理技术的飞速发展。

（一）基于统计学的自然语言处理技术

语言，是人类的专属特性。虽然动物也会通过叫声来进行简单的交流，但那不能称为语言。虽然我们现在还不知道语言模型是什么，但从这个词的出现频率来看，应该是个非常重要且厉害的家伙。正所谓应用驱使技术的发展，人们幻想能像鸟儿一样在天上飞翔，促使了飞机的发展，人们幻想机器能与人类进行语言交流，促使了自然语言处理技术的发展。但是语言的应用存在极大的灵活性，如很多发音一样的单词，在不同的地方是不同的单词。假设我们做了一个语音识别系统，向计算机输入一段音频，语音识别系统会生成多个句子作为候选句，但是哪个句子更为合理呢？例如，当它听到一句语音输入时，输出“今天的夜空非常美，无数颗星星在向我眨眼睛”，或者“今天的夜空非常美，无数颗猩猩在向我眨眼睛”。输出的语句中“星星”和“猩猩”同音，如果按照语音的输出，这两个词都没有问题，但哪个更为合理呢？很显然是前者，大猩猩不可能在天上眨眼睛。这时就该语言模型上场了，它可以对这些候选句子按照概率进行排序。概率最大的那个就是语言模型认为最合理的句子。如今语言模型的应用范围早已扩展到了自然语言处理的各个领域，如智能问题、机器翻译、文摘等。语言模型任务当选为自然语言处理领域的核心任务是毫无疑问的。

语言模型通过计算句子的概率来判断句子的合理性。是不是觉得很神奇，那它是怎么工作的呢？世界著名的语音识别和自然语言处理专家弗莱德里克·贾里尼克（Frederek Jelinek）提出了一个假设：“一个句子是否合理，取决于它出现在自然语言中的可能性。”这就是统计学语言模型的基础原理，并在此原理基础之上提出了基于统计的语音识别框架，将当时的语言识别率从70%提高到了90%。刚刚我们提到过，语言模型是按照概率对句子进行排序的。所以对于语言序列，语言模型的任务就是计算该序列的概率，如计算句子“小猫在院子里面晒太阳”的概率。语言模型的任务就是对每个句子在语言中出现的概率进行预测。那么一个好的语言模型要做到的事情就是：对于一个合理的句子，语言模型应该给它一个相对高的概率，对于一个不合理的句子，语言模型应该给它一个相对低的概率，最好是趋近于零。

简单来讲，语言模型就是用来给语言进行打分的方法。例如，我们这里有一个句子，“小猫在院子里面晒太阳”。我们可以将它看成一系列单词的序列，如（小猫、在、院子、里面、晒太阳），统计语言模型可以赋予这个序列一个概率，我们用P（小猫，在，院子，里面，晒太阳）来表示，通过计算这个概率值来衡量该序列是否符合自然语言的语法和语义规则。那么，现在要做的事情就是训练一个好的语言模型。假设要创建一个中文的语言模型，首先需要一个大型的语料库，这个语料库中的词可以来自各大书报杂志、传记名著、百科知识、互联网等。语料库越大，能训练的样本就越多。假设现在已经有了一个较为丰富的语料库，下一步就可以来计算P（小猫、在、院子、里面、晒、太阳）的值了。

在统计学语言模型时代，我们通过以下这个式子来完成句子的概率计算：P（小猫、在、院子、里面、晒、太阳）=P（小猫）P（在|小猫）P（院子|小猫、在）P（里面|小猫、在、院子）P（晒|小猫、在、院子、里面）P（太阳|小猫、在、院子、里面、晒）。就是说我们只需要计算P（小猫）、P（在|小猫）、P（院子|

小猫、在)、P(里面|小猫、在、院子)、P(晒|小猫、在、院子、里面)以及P(太阳|小猫、在、院子、里面、晒)的值，然后把这些值相乘，就可以得到这个句子最终的打分了。现在简单地解释一下每个参数的意思以及如何去计算这个值。P(小猫)这个参数非常容易得到，即“小猫”这个词出现的次数相对整个语料库中所有词语总数的比例，从这里看，其实就是做了一个计数工作。我们再来看P(在|小猫)，与刚刚计算P(小猫)不一样，这是一个条件概率，表示在“小猫”这个词出现之后，“在”这个词出现的概率。这里根据贝叶斯定理的思想，P(在|小猫)=C(小猫、在)/C(小猫)，这里的C(小猫)表示“小猫”这个词在语料库中出现的次数，C(小猫、在)表示“小猫”“在”两个词同时在语料库中出现的次数，P(在|小猫)就是当“小猫”这个词出现的时候，“小猫”“在”同时出现的概率。同样，P(院子|小猫、在)就是计算“小猫”“在”“院子”同时出现的次数与“小猫”“在”同时出现次数的比例。后面几个参数的计算方法都是一样的。这时问题又来了，语言是非常灵活的，语言空间也是非常大的，尤其是越长的句子，参数也会越多，计算量也会越大。有人说，大没关系，我们的计算能力在不断地提高，大规模计算不在话下。但是又有另一个问题出现了，如果这句话在语料库中没有出现过呢？这时统计学语言模型会给一个非常低的得分，但是这句话也有可能是符合要求的。这样看来，好像不太符合常理。当然我们可以去扩大语料库的容量，也可以对其统计方法进行改进，如后来常用的N-gram语言模型。

N-gram语言模型是统计语言模型中的一种经典模型。统计语言模型是一种基于概率的判别模型。由于模型会存在因语料库中没

有出现而对语句进行误判的情况，N-gram 语言模型对上述方法稍作了改变。N-gram 语言模型依据马尔可夫（Markov）假设，未来的事件只取决于有限的历史信息。N-gram 语言模型认为第 N 个词出现只与它前面的 N-1 个词相关。通过这样的假设，N-gram 语言模型大大简化了语言模型的计算。如果是 1-gram 语言模型，则 P（小猫、在、院子、里面、晒、太阳）=P（小猫）P（在）P（院子）P（里面）P（晒）P（太阳）。如果是 2-gram 语言模型，则 P（小猫、在、院子、里面、晒、太阳）=P（小猫）P（在 | 小猫）P（院子 | 在）P（里面 | 院子）P（晒 | 里面）P（太阳 | 晒）。N-gram 语言模型以此类推。当然基于这样统计假设的语言模型一定会有它的弊端，它对前序任务如分词、词性标注、实体抽取步骤的依赖性很强，如果前序工作没有做好的话，它的工作效果也会受到影响。

（二）深度学习分水岭

2003 年，一个在深度学习领域极具影响力的人物，2018 年图灵奖获得者、人工智能先驱、深度学习三巨头之一的约书亚・本吉奥（Yoshua Bengio）发表了一篇论文 *A Neural Probabilistic Language Model*。首次提出了用神经网络来训练语言模型。这个神经网络模型有预测的功能，当向其输入一句话中的前面几个单词的时候，神经网络就会输出紧接着的单词应该会是什么。与上面讲的概率统计语言模型一样，它也是通过概率来判断的。只不过这里利用的不是统计学，而是用神经网络来计算句子的概率，并提出了可以用数学的方式去表示每个词语。例如，大家较为熟悉的词袋模型（Bag-of-words model），它是一种在自然语言处理和信息检索下被简化的表达模型。我们可以形象地解释，意为将文本表示为装着其中单词的袋子。但是这种表示方式只保存了每个词出现的次数，而没有表示它们出现的顺序。

出于种种原因，这种语言模型并没有立即火起来，而是在自然语言处理行业里沉寂了 10 年，直到 2013 年才真正引起了人们的关注。因为在这一年谷歌推出了一个影响自然语言处理领域技术的里程碑式的模型——词向量模型，它将输入的词编码转化成为稠密的向量，并且如果是相似的词，它们对应的词向量也会相近。它在本质上也是神经概率语言模型，遵循着这样的基本思想：在一个句子中，一个单词只与在它周围的若干单词相关性较强，而与其他那些不在它周围的单词相关性较差。根据这样的基本思想，可以构建神经网络对当前单词和其上下文单词进行模型训练，最终得到词向量。这样从一定程度上可以表示出当前单词与上下文之间的关系。它主要包括两个模型：CBOW 和 Skim-gram。CBOW 主要是根据当前单词的上下文单词来预测当前单词，例如，“今天天气（ ），非常适合去爬山”。而 Skim-gram 和 CBOW 相反，它输入当前单词，要求网络预测它的上下文单词，例如，“(）天气（)”。

可以用什么网络呢？有人认为可以使用标准的深度神经网络来处理。只要它层次够深，提取它的特征毫无问题。这是将序列数据作为深度神经网络的输入。在传统的深度神经网络模型中，分为输入层、隐藏层以及输出层，每一层都有很多神经元，层与层之间是全连接的，同一层之间的神经元是无连接的。但是使用这种标准的深度神经网络存在着一些问题。标准的深度神经网络的输入层和输出层神经元的个数是固定的，但是我们的句子长度是不固定的。例如，这里需要模型做一个机器翻译的工作，假设我们输入的语句是“我是一名学生”。包括标点符号，它的长度是7，如果我们想让模型再翻译另外一句话，“今天的天气非常好”，包括标点符号，它的长度是9，那么我们如何设计一个固定输入数的神经网络来完成这个任务呢？当然这里可以使用最浪费空间的方法来解决此问题，设定一个最大值（该值超过所有可能的句子长度），保证每一句话都能有足够的空间顺利传入网络，多余的部分可以输入0。但是它们实现不了参数共享，假如要做的任务是对输入文本进行地名识别。例如，“北京”，作为一个地名，在文本中很多地方都是指地名，但如果我们实现不了参数共享，那么每个“北京”都是一个个孤立的个体，这样就需要更多的参数，做更多的计算。

在那个时期，深度学习界又发生了一件轰动计算机视觉领域的事情。2012年，杰弗里·辛顿（Geoffrey Hinton）和他的学生亚历克斯·克里热夫斯基（Alex Krizhevsky）利用AlexNet网络在2012年ImageNet大规模图像识别竞赛中以84.7%的Top5正确率获得冠军。该比赛是在拥有大概100万张图像，且1000个类别的图像数据集上进行的。由此，以AlexNet网络为代表的卷积神经网络在计算机视觉领域中取得了里程碑式的成功。在随后的几年里，各种卷积神经网络模型一直保持着冠军地位，且正确率也直线上升。直到2015年，微软提出了一种残差网络，它的Top5正确率高达96.43%，甚至超过了人类的水平，当然这是后话了。

这时研究自然语言处理的专家们看到了契机，是否也能将卷积神经网络应用在自然语言处理的领域中呢？随后的几年中，研究论文层出不穷地出现。但是对于图片数据来说，它们之间都是孤立的，没有什么先后关系。而在现实中，很多数据都是序列化数据，它们之间存在着紧密的先后顺序，如股票数据、语音数据、视频数据等。所以，在处理这种存在先后关系的序列性数据时，卷积神经网络就不是特别适合了。为了捕获自然语言的长程性特征，一个更适合的模型——循环神经网络就应运而生了。

循环神经网络是一种非常著名且实用的深度神经网络，在自然语言处理的多个任务上都取得了非常好的成绩。从此，循环神经网络就成了自然语言处理最常用的方法之一，它拥有一个不断循环隐藏层的结构，这样的结构特征具体地表现为每一个隐藏层的输入不仅受当前层输入的影响，还受到来自上一个时间步输出的影响。也就是说这个网络是具有记忆功能的。换句话说，理论上只要输入循环神经网络中的数据，网络都会记录下来。当然这只是理论上，实际上这类网络也存在着记忆力不好的问题（本章第一节已提到）。所以理论上，循环神经网络能够对任何长度的序列数据进行处理，但是实际上还是会存在不同的问题，例如，时间复杂度高、记性差等。后来大量的实际应用推进了技术的发展。很多学者都在此模型基础上对其进行了改进，其中最有名的是长短期记忆网络以及门控循环单元。它们可以用在很多序列性数据问题上，如语音识别、机器翻译、视频动作识别、命名实体识别等。但正是因为循环神经网络以及类循环神经网络模型引入了时间步这个操作，因此它们必须等待上一步的操作结果出来后才能进入下一步的计算。也就是它们共同的一个特点：串行处理机制，这就导致了它们的并行化计算很难实现。

直到 2017 年谷歌的一篇论文 *Attention Is All You Need* 发表，这

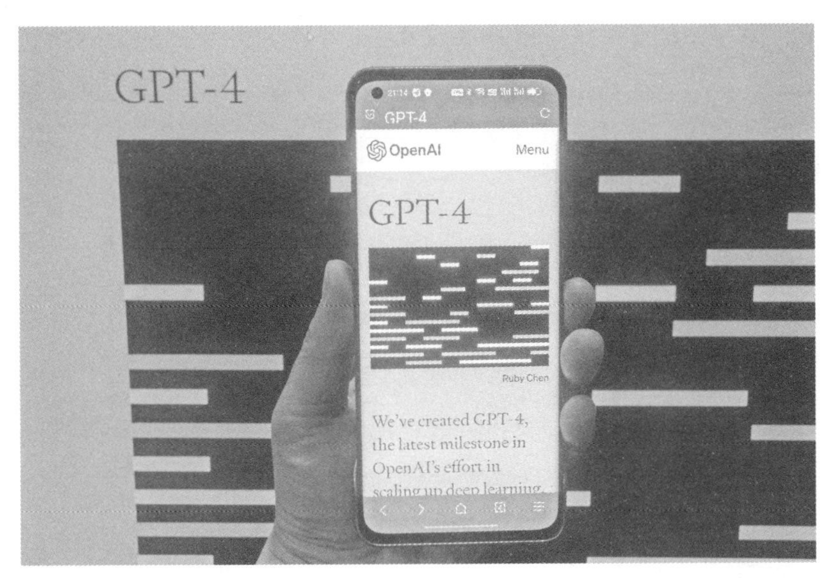

图 2-2　OpenAI 推出的 GPT-4　　图片来源：中新图片 / 王冈

标志着大名鼎鼎的模型 Transformer 出世了。Transformer 使用注意力机制来捕获输入和输出之间的关系，从而使整个架构更加并行化。这也将自然语言处理的发展推向了一个新的时期——预训练语言模型时期。ChatGPT 就是这个时代的产物。技术的发展从未停滞过，GPT-4 于 2023 年 3 月 14 日与世人见面了。GPT-4 模型肯定会较现有模型在速度上更快，在安全性、准确性上更好。GPT-4 同样也具有代码生成、语言翻译、文本摘要、分类、聊天机器人和语法校正等各种应用。GPT-4 的回答准确性不仅大幅提高，还具备更高水平的识图能力，且能够生成歌词、创意文本，实现风格变化。此外，GPT-4 的文字输入限制也提升至 2.5 万字，且对于英语以外的语种支持有更多优化。

ChatGPT

第三章

ChatGPT 开启智能领域新篇章

ChatGPT 是潘多拉魔盒还是文明利器，它的诞生预示着崭新时代来临?

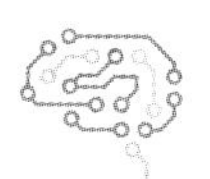

1950 年，艾伦·图灵（Alan Turing）发表了题为《计算机器与智能》的论文，在文中首次提出了“机器智能”的概念，并且提出用“图灵测试”的方法来判断计算机是否有智能。1956 年，在达特茅斯会议上，“人工智能”概念被首次提出，人工智能开始作为一个研究学科出现。热衷于人工智能的科学家们致力于有朝一日可以创造出由复杂物理结构组成的，拥有和人类同样的智力和思维能力的计算机器。

时至今日，OpenAI 开发的 ChatGPT 横空出世，科学家们的梦想貌似正在逐步走向现实。ChatGPT 拥有语言理解和文本生成能力，它可以通过大量包含真实世界对话的语料库来训练模型，从而上知天文下知地理，还可以根据聊天的上下文进行互动，做到在与真正的人类几乎无异的聊天交流。ChatGPT 不单是聊天机器人，还能进行撰写邮件、视频脚本、文案、翻译、代码等任务。ChatGPT 作为一种机器，它的“感知智能”从何而来？“认知”智能又如何取得突破？追本溯源，就要从实现人工智能的方法——机器学习开始说起。

一、人工智能技术的发展

人工智能技术的发展经历了诞生、黄金时代、低谷、繁荣期、寒冬期，现在进入了真正的春天。伴随每个时期的进步，人工智能相关的各项技术也在不断地发展完善。可以说，技术的革新推动了人工智能的发展，而人工智能发展阶段中的瓶颈又使技术不得不向前推进。

（一）机器学习是什么

人类出生来到这个世界，对一切都一无所知。从呱呱坠地的那一刻，人类就在不断学习各类新的知识和技能。一岁多的婴儿学说话，靠的就是模仿大人，例如，我们教他说“妈妈”，大人多重复

图 3-1　人工智能日益成为科技创新、产业升级和生产力提升的重要驱动力量

图片来源：千图网

几次，孩子跟着学自然而然就学会了。又如，教孩子认识不同的动物，在电视上看到老虎，告诉孩子这是老虎，给孩子描述老虎具体长什么样，有哪些特征。下次我们带孩子到动物园看到真的老虎，孩子就知道了这是老虎，从而认识了老虎这种生物。下次遇到不同种类的老虎：华南虎、东北虎、孟加拉虎……我们再给孩子讲解这些不同种类老虎在毛色、体型、习性等各方面的特点，那么孩子对于老虎这种动物知识的学习就会更进一步。在成长的过程中，学习其他知识也可以遵循这种方法，按这种流程来学习，从而不断掌握解决新问题的能力。

计算机也是一样，如果想要使其更加智能化，也要让它不断地学习。那具体如何学习呢？和孩子学习新知识的方法类似，计算机要能够自主地学习诸如“老虎长什么样”“不同种类的老虎具体有什么特征”等问题，掌握“解决问题时可遵循的原则”，从而不断解决新的问题。计算机能够自发地认识到不同种类的老虎都是老虎，能够设定各种不同的情况，并且知道如何应对各种不同的情况。为了让计算机能够如此，在没有人为设定程序的情况下也能够自动完成工作，就必须让计算机事先学习事物的特征和规则，这就是“机器学习”。

机器学习通常分为三类：监督学习、无监督学习和强化学习。首先我们来了解一下什么是监督学习。监督学习是指用数据和正确答案的组合来训练模型，令其学习特征和规则的方法。这里的数据和正确答案的组合就叫作样本集，数据相当于输入，正确答案是我们期望的输出结果，二者缺一不可，都是监督学习必不可少的。通过不停训练，模型就可以根据输入的数据，给出正确的输出。例如，把房产中介公司一年的数据作为样本集，数据包含房源的朝向、面积、楼层、房龄以及成交价格。其中房源的朝向、面积、楼层、房龄就是特征值，成交价格就是结果。最后把这些数据训练成若干个成熟的模型。当我们想要了解一套在售房子的价格时，我们只需要向计算机输入房源的朝向、面积、楼层、房龄，计算机就会根据模型预测出房子的成交价格。这就是监督学习。监督学习的输出值是定性的且是定量的，对问题描述和所用学习方法影响很大。以此为标准，监督学习大致可以分为两类：分类问题，这类问题的输出值是定性离散的；回归问题，这类问题的输出值是定量并且通常是连续的。

分类问题是对数据进行分类，不需要给出准确的数值。分类问题一个较为经典的例子就是垃圾邮件的分类，通过垃圾邮件过滤器来实现。垃圾邮件过滤器的作用就是对邮件进行分类，找出垃圾邮件。邮件过滤器的规则就是把邮件中出现的诸如"促销""打折""贷款"等特征性敏感性的词语收集起来，形成一个庞大的词汇数据库，每个词赋予一定的权重。当收到新邮件的时候，用邮件中的内容跟这个数据库中的词汇去进行比较，如果权重值的总乘积达到某个百分比，这些新邮件就会被标记为垃圾邮件，然后被垃圾邮件过滤器过滤到垃圾箱，而不会到我们的收件箱。而权重值低于这个百分比的邮件，就会被垃圾过滤器放过，正常发送到我们的收件箱。这个百分比就是垃圾邮件和正常邮件的分界线。再举一个例子，给计算机输入一张狗的图片，让它分辨是"狗"还是"猫"或者其他什么动物，然后输出它的结果。这也属于分类问题。

回归问题主要用来预测一个具体的数值，能够给出具体数值。典型应用场景有房屋成交价格的预测、未来天气情况的预测等。正如前文所说，例如，向计算机输入一套房子的朝向、面积、楼层、房龄，计算机就会预测出房子的成交价格。这就是监督学习中的回归问题。那么计算机怎样来回答回归问题，也就是说这个具体的数值是如何来实现的呢？首先回想一下初中数学学过的“一次函数”。一次函数是函数中的一种，一般形如 $y=kx+b$（k，b 是常数，$k \neq 0$）其中 x 是自变量，y 是因变量。一次函数的图像是一条直线，可以看作线性的。

对于回归问题，如果只有一个变量，可以把它看作单变量线性回归，就是指从其他变量值的线性式中预测并说明单个变量值，表达式为 $y=ax+e$，其中 y 的值由推测得来。单变量线性回归只适用取值跟一个变量相关的情况，但通常情况下数值和很多变量相关，并不能仅仅靠一个因素就决定。例如，预测一个地区某日的降水量，不能只靠温度这样一个参数，因为降水量和温度之间的关系并不是温度越高，降水量越大，它是由很多因素共同作用的结果，跟很多参数有关。这时候就需要用到多个变量，也就是多变量线性回归，表达式为 $y=a_1x_1+a_2x_2+\cdots+a_nx_n+e$。对于降水量来说，$y$ 就相当于降水量，a_1x_1 就相当于温度，a_2x_2 就相当于湿度……综合温度、湿度、气压、风向等参数数据，才能得到降水量的准确值。这些参数的影响可以通过调整权重也就是 a 的数值来改变。那么，每个参数的具体影响有多大呢？在大部分人的观念中，湿度对降水量的影响肯定比风向对降水量的影响要大得多，那么湿度的权重就要比风向的权重大。权重调整会导致原函数所代表的直线偏离调整后的数据点。为了使尽可能多的数据点落在函数所代表的直线上，就要调整这条直线的斜率。这样一来，函数所代表的直线就会和数据更好地结合在一起。在这个过程中，我们会发现影响降水量最关键的因素，也就是和降水量关系最密切的数据，这样就能将多变量线性回归转化成单变量线性回归。这种自动找寻函数关系的过程，就是我们所说的机器学习。移动函数的多个参数，包括权重（a_1、$a_2 \cdots a_n$）、截距 e，从中找出与所求问题关系最密切的数据，再将所有的参数数据都用一个函数来表示，就能根据多个影响因素推算出确定的降水量。其中代表函数的这条直线非常重要，只有找到和实际输入数据最一致的函数，创建正确的公式，才能够找到数据的规律性，这样使用函数才能预测正确的输出数据。

如何区分分类问题和回归问题呢？简单地说，对于天气预测而言，如果想要计算机预测明天是阳光明媚还是大雨滂沱，这就是分类问题；但是如果想让计算机告诉我们明天的气温是在最低多少摄氏度到最高多少摄氏度之间，这个问题就是回归问题了。是否输出明确的数值就是区分分类问题和回归问题的关键。

在监督学习中，一定要防止“过度学习”。“过度学习”又称“过拟合”，是计算机对于训练数据，即人类提前准备好的学习数据用来训练计算机的数据，可以轻松给出正确答案，但是对于测试数据，即人类输入的实际未知的数据，需要得到预测结果的数据，无法给出答案。这就是陷入了“过度学习”。这种状况就有点像准备期末考试的学生，明明很努力把所有的题目都背下来了，但是考试考砸了。原因可能就是他没有弄懂题目的含义，只是机械地去背题目，考试时没有出原题，题目换了个出法，就不知道如何回答了。一个良好的学习机器，应该是既可以根据事先学习的数据预测出正确的答案，又可以根据未知的新数据预测出正确的答案。陷入“过度学习”的最主要原因是计算机用来训练的模型参数过多，所以参数的选择并不是越多越好，一定要限定参数。

现在我们知道监督学习有输入有输出，目的就是找寻输入输出数据间的关系，从而根据输入来给出预测输出值，每组输入输出数据对应一个点，监督学习就是要把这些点尽可能连接起来形成一条直线，这条直线对应的函数就是要找寻的关系表示函数。那么什么是无监督学习呢？无监督学习并没有输出值，就像是考试只有各类题目，但是没有标准答案一样。无监督学习不需要画出函数的那条直线，不需要费尽心思找到输入数据和输出数据之间的关系。这种令计算机分析不知道正确答案的数据，让其自己发现其中的特征和规律的方法就是无监督学习。计算机要在学习的过程中思考分类的方法，自行完成分类的工作。而在有监督学习中，这个分类工作是不需要计算机自己完成的。企业销售员工对顾客购买群体进行分类就会用到无监督学习。因为销售员工想要了解顾客的购买倾向并不容易，不可能一开始就知道这位顾客要买什么，这时候就要用到无监督学习，让计算机对顾客进行分类，分好类之后，就可以给不同的顾客推荐适合他们的产品。例如，在淘宝网购物，有一个栏目叫作“猜你喜欢的商品”，通过这一栏就可以了解到更符合我们需求的产品。分类是一项比较复杂的工作，按照不同的分类依据，同样的事物有不同的分类方法。到底有多少种分类方法呢？这项艰巨的工作交给计算机，人类便会轻松很多，计算机会找到更好的分类方法。

无监督学习最具代表性的分类方法就是聚类。俗话说：物以类聚，人以群分。聚类就是采用这种原则：将所有数据中的相似数据总结在一起。例如，一张图上画了很多图形，这些图形有不同的形状和颜色，形状和颜色就是两种属性。如果对画上的形状进行分类，可以按照形状这种属性分类，分为长方形、心形、椭圆形、圆形、菱形，也可以按照颜色这种属性分类，分为红色、绿色、蓝色、粉色。除此之外，还可以按有没有心形来分类，按照是否是四边形来分类，等等，如图 3-2 所示。

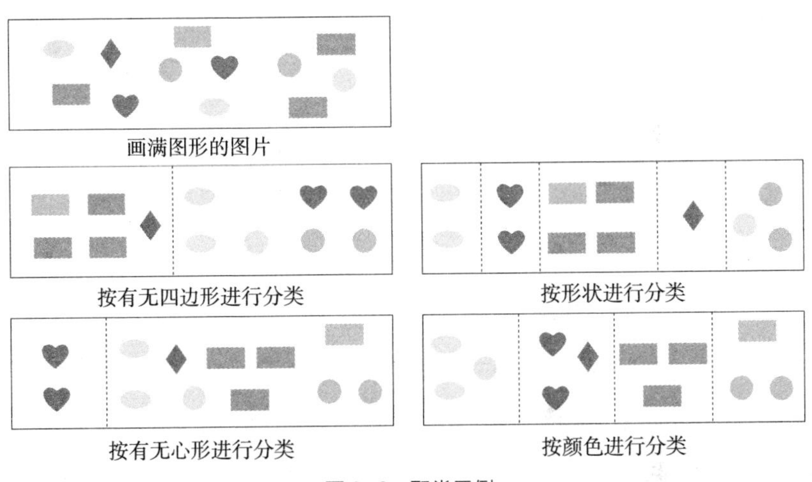

图 3-2　聚类示例

这些分类方法无法定义哪种分类方法好，哪种分类方法不好。聚类的目的就是把没有正确答案的数据按照一定的规律和法则，通过分类变得更加易于理解。在分类之后，就可以明确从中发现了什么以及如何来解释这些问题。鉴于分类方法的多样性，在实际进行聚类的时候，要加上一个前提设定条件。对于图形分类的例子而言，如果我们加上前提条件是分类后的每组数据数量相同，那么按颜色进行分类就是最满足要求的，刚好每种颜色的图形数量都一样。这种分类之后每组数据数量都相同的聚类方法就是 k 均值聚类算法。

在聚类分析中，k 均值聚类算法作为一种典型方法，广泛应用于各个领域之中。k 均值聚类算法的前提条件就是任意一组包含的数据数量完全相同。如果不满足这个前提条件，那么 k 均值聚类算法得出的结果将会完全错误甚至完全不着边际。这里的 k 就是指定分类的组数，具体需要分多少组，由 k 来决定，k 由人类事先指定。k 均值聚类算法主要应用在文档分类器、识别犯罪地点、物品传输优化、客户分类、球队状态分析、保险欺诈检测、乘车数据分析、网络分析犯罪分子等方面。如果要说起 k 均值聚类算法在分类问题上的应用，就不得不提文档分类器。文档数据标签、主题和文档内容将文档分为多个不同的类别。第一步操作就是使文档恢复默认状态，用一组数来表示每一个文档，接下来就是最重要的一步，统计术语出现的次数，次数越多越常用，标识出来并把内容类似的术语归到一类，从而就可以辨别出不同文档是否相近了。通过识别文档组中的相似性从而实现文档的分类。

最后我们再来谈谈什么是强化学习。人生离不开失败和成功，人生就是不断地在失败中总结经验教训，然后走向下一次成功，就这样循环往复，才能不断前进。计算机同人类一样，也可以从不断反复交替的失败和成功中来完成学习。这种学习方法就叫作强化学习。强化学习和无监督学习有些类似，都是计算机自主进行学习。强化学习这个概念最早被大众熟知是 2017 年，AlphaGo 在围棋比赛中战胜了当时世界排名第一的柯洁。强化学习和监督学习、无监督学习方式的最主要区别在于：强化学习训练时，需要环境给予反馈以及对应具体的反馈值。它的目的不是完成分类，不是将邮件区分为垃圾邮件和正常邮件诸如此类的任务，而主要是为了指导训练对象每一步如何决策，采用什么样的行动可以完成特定的目的或者使收益最大化。例如，AlphaGo 下围棋的时候，在这种情况下，AlphaGo 就是强化学习的训练对象，它走的每一步棋都不存在对与错之分，但是存在“好”与“坏”之分。在当前正在进行的棋局，下得“好”，代表是一步好棋，下得“坏”，代表是一步臭棋。强化学习的训练基础在于 AlphaGo 每下一步棋，环境都能给予明确的反馈，是“好”是“坏”。二者具体占多少比例可以进行量化操作。在 AlphaGo 下围棋这个场景中，强化学习的最终训练目的就是让 AlphaGo 一方的棋子占领棋局上更多的区域，从而赢得围棋比赛的最终胜利。打个比方，这个过程有点类似海洋馆的驯兽师训练动物，海洋馆的海豚就相当于训练对象，驯兽师抬起右手，海豚就会完成指定动作，例如，表演钻圆圈，成功完成之后就会得到一条鱼的奖励，如果没有完成或者完成得不对，就没有小鱼奖励甚至是受到挨饿的惩罚。久而久之，每当驯兽师举起手或作出某种手势，海豚就自然而然地跟随手势完成对应的动作，因为这个动作是当前环境下能够获得收益最大的动作，可以获取食物，如果做其他动作就不会有食物，甚至会挨饿。

强化学习主要应用在自动驾驶、游戏、推荐系统等方面。自动驾驶是人工智能应用较为成熟的领域。目前，百度公司使用了一部分强化学习算法，用来提高自动驾驶的智能性。但是由于强化学习在使用时需要和外界环境交互试错，实际应用的时候为了提高安全性，通常配置安全员适时进行人工干预，从而及时纠正自动驾驶中出现的错误和偏差。强化学习应用范围最广阔的当数游戏领域，目前市场上的很多 MOBA（多人在线战术竞技）游戏基本都包含强化学习人工智能，其中最广为人知的就是《王者荣耀》人工智能。由于该游戏本身就是虚拟的，因此在游戏环境下计算机可以和外界随便交互，任意试错，不产生任何真实世界的成本，同时游戏本身的奖励也相对容易设置，存在明显的奖励机制。

（二）神经网络又是什么

神经网络就是用计算机来模拟人脑的构造，简单地说就是神经的线路网。人类大脑构造十分复杂，很难精准地描述清楚。但是可以确定的是，人类的大脑具有超强的记忆力、计算能力和感知能力，同时还有超过 300 亿个神经元通过各种方式结合在一起，这些神经元共同处理和传递信息，完成计算、记忆、思考等功能。神经元就是神经元细胞，对于神经系统来说，它是最小的单位。它的组成部分有两个：细胞体、突起。细胞体相当于指挥部，它可以对收到的神经冲动作出反应，同时可以传导神经冲动。突起分为树突和轴突，树突的作用是接受其他神经元轴突传来的冲动并传给细胞体；细胞体接受外界刺激，会产生兴奋，轴突负责把这些兴奋传导出去。可以看出，神经元负责的工作就是输入和输出，即处理信息并把信息传递给其他神经元。此外，由于它还有思考的功能，所以和人类智力相关的活动相关联。

人类很早以前就有这样一个构想：如果能模仿人脑的构造，是否就能设计出模拟人脑运行的计算机程序呢？美国心理学家沃伦·麦卡洛克（Warren McCulloch）和数理逻辑家沃尔特·皮茨（Walter Pitts）在合作的论文 *A Logical Calculus of the Ideas Immanent in Nervous Activity* 中对人工神经网络的概念作出了定义，同时建立了人工神经元的数学模型，揭开了人工神经网络研究的新篇章。人工神经元就是模仿人类大脑的神经元结构，从而在计算机上应用类似的结构。人工神经元出现以后，人们找到了让计算机变得更智能的方法，开始不断尝试各种人工制造的神经元的组合。现在大家所熟知的深度学习，正是有了人工神经元以后才出现的。人工神经元和真正的人脑神经元工作方法是一致的：从多个感受器接受电信号（0或者1表示），进行处理（加权相加），处理结果要和阈值相比较，根据是否大于阈值作出相应的判断，从而发出相应的电信号（正确就发出1，否则就发出0），这就是它叫神经元的原因。这里

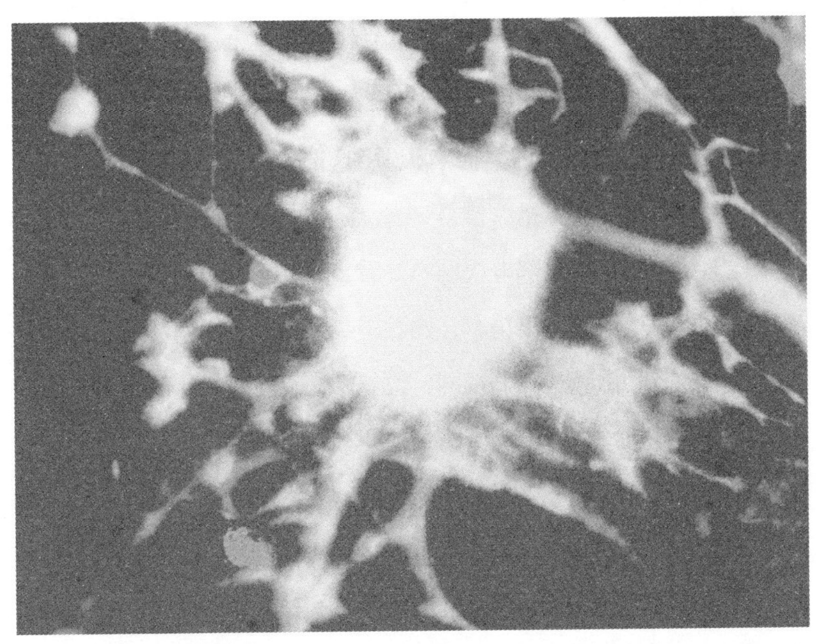

图 3-3 人的大脑由神经元组成。神经元由细胞体、树突和轴突三部分组成。神经元之间通过轴突（输出）与树突（输入）相互联结。图为放大的脑神经细胞

图片来源：中新图片 / 顾建文

所说的阈值就是传递给各个信息元的数值。输入的信号乘以一定的权重，这里的权重是实数，可以为正，也可以为负，可以是整数，也可以是小数，具体数值可以根据需求随意设定，然后将乘积全部相加，得到的结果和阈值进行比较，如果大于等于阈值，就输出 1，如果小于阈值就输出 0。0 和 1 对应了神经元的两种状态：抑制与兴奋。很多人工神经元组合在一起，设定好权重，计算机就可以实现各种不同信息的处理。这就是所谓的神经网络。

在本书中我们经常提到权重，那权重到底是什么，对于信息处理来讲，输入信息的权重也可以理解为人们对这条信息的信任程度。举个例子，小李、小王、小张三人是闺蜜，她们都喜欢看电视剧并且分享心得。最近新出了一部电视剧，小李、小王都看了，小张还没来得及看，小李告诉小张别看了，电视剧拍得很差劲。但是，小王告诉小李说赶紧抽时间看吧，电视剧太精彩了，绝对不能错过。因为两个人评价完全不同，小张还是抽时间看了这部电视剧，看完之后，她和小王一样都觉得拍得不错，值得一看。这时，她对小李的信任度就会下降，下次小王再说某部电视剧不好看，她也不会再相信了。如果小王当初也告诉她电视剧很精彩，她看了也觉得确实很精彩的话，她下次看到别人也会推荐这部电视剧，说看起来很精彩，这时候小张的神经元就被激活了。小李和小张的权重相加给小王，信任度达到一定程度，即达到小王的阈值，小王的神经元就被激活。

人工神经元看似原理构造简单，却可以实现不那么简单的功能。1949 年，加拿大心理学家唐纳德·赫布（Donald Hebb）提出了神经元学习法则。在此基础上，顺应人类第一次人工智能的热潮，美国科学家弗兰克·罗森布拉特（Frank Rosenblatt）在 1957

年提出了“感知机”的构思，就是将人工神经元和赫布定律结合在一起，可以模拟人类感知能力。这里出现了一个新名词——赫布定律，是唐纳德·赫布于 1949 年提出的关于神经元之间联系的变化规律的定律。唐纳德·赫布的理论认为，如果在同一时刻，同时受到外界刺激而兴奋起来的神经元之间的关系会被加深记忆。也就是这些神经元中的某个或某些在下次受到刺激兴奋起来，另外一些也很容易一起兴奋。人类的神经元可以划分为多种功能，有只对某种特定形状兴奋的细胞，只对某种特定颜色兴奋的细胞，只对某种特殊气味兴奋的细胞，等等。例如，在部队里，吃饭前要先吹号，当吃饭号角声响起来时一个神经元被激发，对号角声兴奋的细胞兴奋起来，在同一时间饭桌上的饭菜会激发附近的另一个神经元，对食物兴奋的细胞兴奋起来，那么这两个神经元就会彼此记住，兴奋的细胞之间的联系就会增强，兴奋的细胞和未兴奋的细胞之间的联系就会减弱。这就是赫布定律。下次号角声再响起来时，士兵就知道是开饭时间到了，就会感觉到饿。这正是因为与号角声相关联的细胞与食物相关联的细胞之间的联系增强了。

感知机的仿真于 1957 年由唐纳德·赫布完成。1959 年，在感知机仿真基础上，唐纳德·赫布又增加了识别英文字母功能的神经计算机——Mark1。Mark1 正式问世的时间是 1960 年 6 月 23 日。感知机通过简单的数学模型模拟出神经元基本的激活和抑制两种状态，促进了人工神经网络的研究。正如人生有起起落落，科学研究的领域也有高潮和低谷。随之而来的便是人工神经网络的第一次低谷。因为美国科学家、“人工智能之父”马文·明斯基（Marvin Minsky）在 1969 年发现感知机存在致命缺点，就是它无法解决线性不可分问题。直观地说，就是感知机无法解决一条线不可分割的问题，如果 x 轴和 y 轴分别对应了不同年龄的人的身高、体重。按 12 岁以上和 12 岁以下进行分类，基本上一条直线就可以将所有的数据分开，但是如果按收入分类就无法用一条线分开，因为身高、体重和收入没有必然联系。这就是线性不可分问题。

（三）深度学习有多厉害

人工智能的第二次高潮始于 20 世纪 80 年代。感知机不能处理线性不可分问题，由于这点被人类发现，于是提出了改进这个弱点的反向传播（BP）算法，用来解决非线性分类和学习的问题，以补救感知机的不足。反向传播算法可以将计算误差从输出层反向传回，纠正各个神经元的错误，从而减少误差。随着反向传播算法的逐渐发展，还发展到多层反向传播算法，用于提高反向传播算法的准确度，但是在 4 层以上的反向传播算法中，因为层数越多，误差反向传播就越困难，所以，增加层数反而存在梯度消失问题，无法对前一层进行有效的学习。反向传播算法也因之失去了热度。人工智能的发展进入了寒冬期。这个时候发生了一件人工智能史上的大事，在 2012 年世界级图像识别竞赛中，冠军由初次参赛的加拿大多伦多大学研发的 Super Vision 所获得，要知道它的对手可是牛津大学、东京大学等世界一流大学和企业所研发的产品。这次比赛的主题是如何让计算机自动并正确识别出图像所显示的是花朵还是动物，以 1000 万张图片作为学习数据，15 万张图片作为测试数据，最后以错误率最低为衡量胜利的标准。Super Vision 以最低的错误率 15% 取胜，那么它有什么特别之处呢？它使用的正是由英国的杰弗里·辛顿（Geoffrey Hinton）所发明的深度学习算法进行学习的，杰弗里·辛顿也被誉为“深度学习之父”。深度学习由此开启了人工智能的第三次高潮。

那么深度学习到底有多厉害呢？在深度学习出现之前，训练计算机识别出动物图片，要给计算机输入各种动物的特征，如老虎额头有个王字，猫的趾底有厚的肉垫用来确保行走无声，等等。这些特征都是人来提取描述的，这类工作还有个专有名词叫作“特征工程”。但是提取特征是一件很烦琐的事情，要想把某种动物区别另一种动物的所有特征都找出来，是要费一番功夫的。并且如果提取特征的方法不同，计算机识别图像的准确度也会随之变化，人们担负的责任也很重大。有了深度学习，只要学习的数据量足够大，计算机就可以自己提取动物的特征，并以此为基础进行图像的识别分类。所以说，深度学习的厉害之处就在于它可以自发地进行特征学习，这样人类就从繁杂的工作中解脱出来了。现在只需要告诉计算机这张东北虎的图片是老虎，另外一张孟加拉虎的图片也是老虎，而不用告诉它两个不同种类的老虎有什么区别，计算机就能学会老虎是什么。能够像人一样自发学习成了人工智能研发出像人一样行动的计算机的突破口，从此以后，机器学习向“自动数据分析”又前进了一步，人类研究人工智能的思路又拓宽了许多。

在反向传播算法中，层数达到 4 就无法继续顺利学习了，那深度学习是如何做到 5 层、6 层，甚至 10 层的呢？这是因为深度学习采取的是“自编码”，这是一种信息压缩器。有了它，每一层都能正确地学习。自编码的构造是输入层 = 正确答案 = 输出层。例如，传统的神经网络，给计算机输入“手写字母 a”的图像，此外人类还要告诉计算机这是字母 a，计算机才能学习。但是自编码就不用，人类给出正确答案后，只要输入“手写字母 a”的图像，计算机就会输出这是“手写字母 a”的答案。输入可以和输出完全相同。在这个过程中，输入、输出是人类可以看到的，但是中间层是隐藏起来看不到的。正是在中间层（隐层）的位置，计算机完成了自动识别特征的工作。例如，一幅像素为 1024 的图像，输入层和输出层都是 1024 个像素点，但是隐层有 300 个特征点。这种 1024 到 300 的压缩，就是统计学中常用的“主成分分析法”。到了第三层，数据点又被压缩到 100 个，这样逐层压缩，但是越压缩，特征越抽象也越准确。生成的抽象度和准确度都高的特征，使深度学习在输出时就可以正确地输出，还原输入的数据。

深度学习目前在多个领域都得到了广泛应用。在图像识别领域，图像识别涉及识别照片并根据其特征分类。因此，图像识别软件和应用程序可以确定照片中显示的内容并区分它们。当前人们所用的智能手机相册就实现了这一功能，会自动根据照片拍摄的时间、地点、人员等对图像进行分类。在自动驾驶领域，其主要目的是对外部因素作出安全反应，如周围的汽车、路牌和行人，以便从一个地点顺利到达另一个地点。深度学习推动了自动驾驶技术的发展，自动驾驶可以缓解交通拥堵，虽然现在还不能完全实现无人全自动驾驶，但深度学习让人类离这个目标越来越近。例如，地震预报领域，因为地震会给人类财产、生命等安全带来巨大破坏，科学家们一直致力于解决地震预报问题的研究。成功的地震预报可以减少财产损失，挽救生命。科学家们正试图根据地震发生的时间和地点以及震级来预测地震。深度学习应用 Von mises 屈服准则帮助科学家将地震预测时间的准确率提高了 5000%，使地震时间预测从仅仅猜测地震何时会发生转变为能够准确预测地震何时会发生。在医疗健康领域，深度学习可以担负医生和医疗检测器械的部分工作，可以帮助检查小儿有没有孤独症、发育迟滞等，语言发育是否有障碍等。因为一旦患上这三类疾病，他们很难正常生活，也很难融入社会，更不要说生活会有什么品质和幸福感。所以，如果能在早期就发现，并且能够及时治疗对他们会有很大的帮助。深度学习也正在努力解决这些问题。在机器自动翻译领域，互联网的出现使不同地域的人之间的沟通成为可能，你在马里共和国的库里克罗，我地处中国北京，我们同样可以通过网络进行沟通。但有一个问题就是你说班巴拉语，而我说汉语，必须将班巴拉语翻译成汉语或者将汉语翻译成班巴拉语，这样沟通才能顺利进行。这种自动翻译就可以选择深度学习，深度学习在自动翻译文本和图像方面可以大展身手。另外，机器人的研发是为了模拟人的行为，首先它要了解周围的世界，认识所有常见的事物，最早出现的机器人对于形状相同的事物认知能力非常欠缺，例如，形状类似的啤酒瓶和钢笔，机器人就无法准确区分。但是深度学习算法能够直接让机器人从数据中学习，因此它们非常适合机器人技术，大大提高了机器人的认知能力，使机器人越来越好地模拟人类进行工作。

二、人工智能的集大成者：ChatGPT

ChatGPT 的发布可谓一石激起千层浪，那么它是怎么发展至今的呢？

（一）从 PGC 到 UGC 再到 AIGC

近年来，互联网上的内容生产模式历经了多次变革：完成了从专业生成内容（Professional Generated Content，PGC），再到用户生成内容（User Generated Content，UGC）最终到现在的利用人工智能技术自动生成内容时代（Artificial Intelligence Generated Content，AIGC）。这三种方式最大的区别在于内容的创作主体和专业度不同。在 UGC 中，创作主体一般是广大用户，其内容更加大众化和简单化，但是质量参差不齐；而在 PGC 中，创作主体通常是专业人士，其创作的内容较 UGC 而言更加专业、精准，质量更高，但是也因此其生产效率和产量受到了限制。在 AIGC 中，创作内容是由人工智能生成的，而非人类创作，因此其内容质量和产量都具有

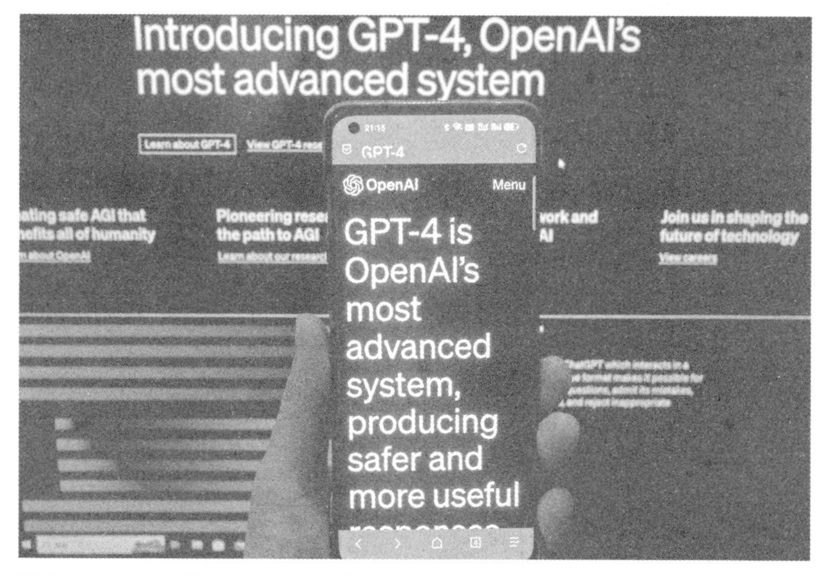

图 3-4　GPT-4 是 OpenAI 语言模型系列中的最新产品，可为 ChatGPT 和新版 Bing 等应用程序提供支持。图为 GPT-4 界面　图片来源：中新图片 / 王冈

高度可控性。因此，AIGC、UGC、PGC 在创作主体、专业度和内容质量等方面存在着明显的区别。针对不同的需求和场景，可以选择不同的内容生产方式来满足用户的需求。

AIGC 正在拓展数字时代中的创造力极限，为内容生产领域带来巨大变革，对于内容生产、极限工作的完成有着极大的意义。那么，AIGC 相对于 UGC 和 PGC 具体有哪些优势呢？首先，AIGC 具有极高的效率，它可以在短时间内生成大量内容，大大提高了内容生成的效率；其次，AIGC 生成的内容相对稳定，它的质量可以通过人工智能技术得到保证，因此具有很高的稳定性；再次，AIGC 可以节省成本，可以有效降低内容生成的成本，同时也不会因为人员流失等因素影响内容的生成；最后，AIGC 可拓展性更加强大，AIGC 技术的拓展性比 UGC 和 PGC 更强，可以应用于更多领域，更广泛地满足用户的需求。除了以上优点，AIGC 技术还具有使用门槛低、普及性强等特点。AIGC 的这种特点使它在未来具有更加广阔的发展空间。随着技术越来越成熟，AIGC 的应用前景会越来越广泛。

（二）从深度学习到大模型

模型是将现实问题进行抽象化，抽象成数学公式。例如，人的收入和年龄、性别以及学历的关系，最后抽象成一个数学公式：Y=F（A，S，E），可以先不用管这个公式具体表达什么，只要建立了这个公式就相当于建立了模型。既然模型是把现实问题抽象成数学公式，那么即使深度学习的出发点是更深层次的神经网络，但是只要划分得更细致的话，也可以划分成数量非常多的不同的模型。不同的抽象问题的方式对应不同的数学公式，如常见的卷积神经网络、深度神经网络等。

“大”模型，就是模型中比较“大”的那一类，“大”的具体含义也就是数学公式更复杂，所包含的参数更多。2021 年 8 月，美国华裔科学家、谷歌云的首席科学家李飞飞院士联合 100 多位学者发表一份题为 *On the Opportunities and Risk of Foundation Models* 的研究报告，这份报告有 200 多页，该报告详细描述了当前大规模预训练模型面临的机遇和挑战。在报告中，大模型被统一命名为 Foundation Models，中文翻译为基础模型或者基石模型。该报告肯定了 Foundation Models 对智能体基本认知能力的推动作用。2017 年，Transformer 结构的提出使深度学习模型参数突破了 1 亿。发展到后来，Bert 网络模型的提出又使参数量首次超过 3 亿规模，GPT-3 模型超过百亿。近两年国内的大模型在蓬勃发展，目前已经存在多个参数超过千亿的大模型。对于大模型而言，参数量更多，学习的数据量更多，模型的泛化能力更强，泛化能力就是完成任务的能力，泛化能力越强，完成任务的数量越多。例如，目前开源开放的浪潮源 1.0 模型，其参数规模高达 2457 亿，训练采用的中文数据集达 5000GB，相比于 GPT-3 模型 1750 亿参数量和 570GB 训练数据集，“源 1.0”参数规模领先 40%，训练数据集规模领先近 10 倍。同时，源 1.0 模型在语言智能方面表现优异，获得中文语言理解评测基准 CLUE 榜单的零样本学习和小样本学习两类总榜冠军。测试结果显示，人群能够准确分辨人与源 1.0 模型作品差别的成功率已低于 50%。大模型是否可以作为通往机器学习认知智能的桥梁？这个问题目前还没有准确的答案，随着人工智能技术的发展，人类可以在研究的过程中探究自己想要的方案。

（三）从“+ 人工智能”到“人工智能 +”

“+ 人工智能”，也就是各个领域中应用到人工智能技术，人工智能技术可以帮助各个行业领域实现快速高效处理数据，提高生产效率，降低生产成本，从而增加经济效益。在这种情况下，人工智能是起辅助作用，位于次要地位。

金融领域 + 人工智能：目前人工智能主要用于风控、支付、理赔等方面，应用最为成熟的要数智能投顾。智能投顾也叫机器人理财，2008 年诞生于美国，并不是实体的机器人帮助客户理财，而是将人工智能导入传统的理财顾问服务，通过网上互动，根据投资者的风险承受度和不同的投资目的，在计算机算法的作用下，给出自动化的投资组合建议。智能投顾的优点就是 24 小时提供服务，并且使用的人力较少，进入财富管理的门槛及费用较低，但是无法保证收益最大化，对于是否会发生金融危机等突发事件，能否给出正确的投资意见存在不确定性。2022 年，国内多家银行相继关停智能投顾服务。服务停止与银行的监管政策有关，或许意味着商业银行的智能投顾服务走到了终点。

电力领域 + 人工智能：在建设环节，电力公司利用人工智能技术可以建设模型库、样本库，构建运行环境和训练环境的智能基础设施，搭建模型和平台；在巡检环节，工作人员向无人机发送指令，无人机可自主完成巡检一线的输电线路巡检作业。通过使用基于人工智能的智能识别算法使巡检工作的识别准确率提升了近 30%，识别效率提升了近 5 倍；在变电站运维环节，运维人员可直接从线上接入智能调控系统，采用一键调控的操作，无须到场便可完成千伏变电站的倒闸操作，既可以保证安全，又使启动送电时间缩短到原来的 20%，效率提升了几十倍。电力集团构建的智能化管理平台，线上就可轻松管理分布在全国各地的上万台风机、几百座风电场。

“人工智能 +”，在这种模式下，人工智能占主体地位，将人工智能作为当前行业科技化发展的核心特征，并与工业、金融业等全面融合，可以为社会创造出新的需求、打造新商业模式、构建新的经济增长点。这代表了一种新的社会形态，将人工智能的成果深度融合于经济，形成以互联网为基础的基础设施和实现工具的新社会发展形态。

人工智能 + 工业：对于工程设计中重复性的、耗费大量时间以及不需要耗费大量脑力的工作，通过 AIGC 技术实现自动化，可使原来需要耗费数千小时的工程设计缩短到分钟级，大大提高工程效率。ChatGPT 再一次打开了人们对人工智能内容创作的想象空间，大大增强了 AIGC 在编程语言领域、新闻撰写、文案创作等自然语言方面领域的创作能力上限，效率和可靠性大幅提升。未来，诸如搜索引擎、艺术设计、文稿创作等行业的行业格局和商业模式可能发生超乎人们想象的改变。相比于传统的专业生产内容和用户生产内容模式，使用人工智能生产内容显然更具有效率和成本上的优势。

三、ChatGPT 推动人工智能发展

自从问世以来，ChatGPT 的热度与日俱增，丝毫没有减退的迹

象。对于人工智能以及互联网行业的发展来说，这无异于打了一针兴奋剂。但兴奋过后，会留下些什么？人类的受益是否如想象般巨大？还是会颠覆整个人类社会？这些都是我们需要考虑的问题。

（一）ChatGPT 是否代表一个新时代的开启

每一个新时代的开启，都有它独特的标志。例如，互联网刚兴起的时候，腾讯、搜狐、网易……如雨后春笋般冒出。在移动互联时代，也就是手机端互联网兴起的时候，各种手机端 App，如美团、拼多多等蓬勃兴起。所以，ChatGPT 的出现，让我们看到了各种新型商业模式的衍生。人工智能开始真正地贴近普通人的日常生活，让人们更加深刻、更加直观地感受到它们的价值。现在更像是开启了真正的人工智能时代。不久的将来，越来越多的行业、场景将会和人工智能紧密联系在一起；越来越多的行业、职业将会被人工智能所取代。正如互联网资讯网站取代部分报纸，电商取代部分传统零售一样，ChatGPT 将会再度开启一场人工智能深度影响和改变人们的生产和生活方式的新进程。

（二）ChatGPT 后人工智能未来的发展方向

人类在一直不停地创造发展人工智能技术，目的就是创造出能模拟人的思想和行为的智慧的机器，可以说，人类一直在向智能社会努力前进，在经历了互联网时代、数字时代的发展之后，进入人工智能时代是一种必然的发展趋势。但人类始终没有找到一条通向人工智能社会的正确的道路。虽然目前人工智能应用在很多方面，如智能制造、智能家居、智能驾驶等，然而，对于普通人而言，人工智能并没有彻底地、完全地、贴近地改变人类的生活方式。说到底，人工智能还是一个遥不可及的梦想。要想让每一个普通人能真真切切地感受到人工智能的存在，除了要让人工智能的应用场景更加丰富以外，还要降低人工智能应用的门槛，让人工智能更接地气，才能有更多的人真实地感受到人工智能的强大与实用。

ChatGPT 恰恰达到了这样一个目的。当它为你写出一封感情真挚的情书送给你暗恋许久的女神；当它在你脆弱无助的时候说上几句安慰的暖心的话语；当你出国旅游苦于语言不通的时候它帮你翻译，缓解你的尴尬；当你被复杂的概念所困扰，它几句解释就让你茅塞顿开……ChatGPT 就是给人们这种感觉，它无时无刻不在人们身边，只要你需要，它就在，而且可以提供多种帮助，从而有越来越多的人参与其中，越来越多的人感知到它的存在，这才是真正意义上的人工智能时代。

ChatGPT

第四章

ChatGPT 的典型应用

ChatGPT 是如何拥有“智慧”的，将给哪些应用领域带来颠覆性革命?

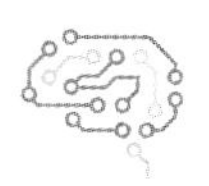

ChatGPT 是基于深度学习的自然语言处理技术，它可以帮助人类更快更准确地生成内容。ChatGPT 的技术实现主要包括两个方面：一是模型训练，使用深度学习技术，通过大量的历史数据训练模型，从而获得准确的自然语言处理能力；二是模型应用，可以根据用户提供的模板，自动生成内容，也可以根据用户提供的历史数据，自动生成新内容，从而更好地模仿用户的语言习惯。这两方面能力使 ChatGPT 在很多应用领域迅速得到关注。

一、文本生成中的 ChatGPT

文本生成是一种机器学习技术，它可以用来生成新的文本内容。近年来，文本生成技术受到了越来越多的关注，并被广泛应用于各种领域，其中包括聊天机器人、文本摘要、文本分类等。ChatGPT 一经问世，它的写作能力就被广为称赞，其生成自然语言文本的能力在文本生成领域显然具有重要的应用价值。

（一）文本是怎样产生的？

犹记当年为了完成初高中时的作文，大学的论文、报告，一些绞尽脑汁，抓耳挠腮，穷尽了自己的文字语言能力。如果计算机能帮助人类完成文本写作的任务，那么将会大大提高文本写作的效率。文本生成技术实际上是一种利用机器学习和自然语言处理等技术，自动生成符合语法和语义要求的文本内容的技术。它可以应用于自然语言生成、文本摘要、对话系统、翻译和语音合成等领域，为人们提供更加智能、自然的交互体验。

文本生成的研究起始于 20 世纪 60 年代，早期文本生成程序在语法和知识表达等方面还不够完善，所处理的语言现象比较少，一般只是对输入句进行复述，而不能生成话语段。70 年代，文本生成开始为专家系统的答案生成简单的解释、为数据库的查询结果编写文本答案。80—90 年代，科学家们提出了统计语言模型，开始利用统计模型来表述语言文字。2003 年，Bengio 提出了神经网络语言模型。2013 年，谷歌的托马斯・米科洛夫（Thomas Mikolov）等人提出了词向量表示模型。至此，我们进入了神经网络和深度学习的时代。2017 年，谷歌提出了 Attention 模型以及基于 Transformer 的一系列深度学习模型。2018 年，谷歌在此基础上采用了 GPT 模型，即生成式预训练 Transfomer 模型。谷歌发表 Transformer 论文后的第二年（2018 年），OpenAI 推出基于 Transformer 的第一代 GPT 模型，随后陆续推出 GPT-2、GPT-3、InstructGPT 等版本，GPT 模型持续迭代。OpenAI 于 2020 年 5 月推出第三代 GPT-3 模型，其参数量达 1750 亿，较上一代 GPT-2（参数量 15 亿）提升了两个数量级，是微软同年 2 月推出的 T-NLG 模型（参数量 170 亿）的 10

倍，成为当时最大的预训练语言模型。GPT 模型经过多次迭代，参数量大幅提升。ChatGPT 由 GPT-3 微调而来，模型更小，专注于聊天场景。

ChatGPT 是把互联网的文字信息，放到其模型中进行训练，通过模型计算选择 GPT 模型输出概率最高结果进行输出，它不能保证输出的结果是对的，只是在训练数据中输出的结果是概率最高的。数据主要来自 Common Crawl、新闻、帖子、书籍及各种网页。其中，引用维基百科语料库的大小约为 20GB，Common Crawl 语料库的大小约为 60TB，包含了互联网上的数十亿个网页，News Crawl 语料库大小约为 2TB，包括从新闻网站上爬取的文章，美国社交新闻网站 Reddit 语料库的大小约为 1.7TB，包含了各种各样的话题和

图 4-1　ChatGPT 不仅仅是搜索引擎的加强版，也不仅仅是一个聊天机器人

图片来源：千图网

讨论。ChatGPT 还使用了由李宏毅教授的团队发布的一个开源图书语料库，称为 BookCorpus。该语料库包含了 11000 多本书籍，总共有 74GB 的文本数据。ChatGPT 使用各种语料库进行了大量的预处理，以提高其自然语言处理能力。ChatGPT 的优秀表现得益于预训练数据量的大幅提升。GPT–3 和 GPT–2 采用了相同的架构，在模型上没有大幅修改，只是用更多的数据量、参数量去进行训练。GPT–2 的预训练数据规模约 40GB，约有 100 亿个标记；GPT–3 的预训练数据是由 45TB 的原始语料清洗而来，数据规模达 570GB，约有 4900 亿个标记。GPT–2 模型参数量为 15 亿，GPT–3 参数量为 1750 亿。由于容量和参数量的大幅提升，GPT–3 的准确性也得到大幅提升，已经可以生成高质量文本，让人难以确定是否是人类写的。

（二）ChatGPT 生成文本的效果

ChatGPT 是目前最先进的文本生成模型之一，在文本生成的语言流畅度、文本连贯性、主题一致性、多样性和人类可读性等方面效果非常出色。我们将从描述性文本、叙述性文本、说明性文本和议论性文本几个不同类别文本的生成效果对 ChatGPT 的文本生成能力进行评价。

描述性文本通常用于描述人、地点或事物，例如，旅游指南、商品说明或地图等。在创作描述性文本时，ChatGPT 能给出逻辑清晰、内容完整的描述性文本，但是由于训练数据有限，ChatGPT 回答的正确性仍存质疑。例如，用户在查询旅游攻略时，ChatGPT 作出了如下对话：

问题：我要去西安玩，做一个五天四夜旅游攻略，早上 10 点后开始，日程不要太满。

回答：好的，以下是一份五天四夜的西安旅游攻略：

Day 1：

上午：乘坐地铁前往大雁塔，游览大雁塔及其周边景点（大唐芙蓉园、大唐西市等）。

下午：前往西安古城墙，体验骑行古城墙的乐趣。傍晚时分，可前往鼓楼广场观看音乐喷泉表演。

Day 2：

上午：前往陕西历史博物馆，了解西安及陕西的历史文化。

下午：前往兵马俑，游览秦始皇陵及其周边景点。回程可途经华清池。

Day 3：

上午：前往华山，攀登华山。建议选择最短的北峰线路，需 3—4 小时。

下午：返回市区，前往小雁塔及其周边景点，如水陆庵、云林院等。

Day 4：

上午：前往大唐芙蓉园，欣赏园内的古典建筑和园林景观。

下午：前往钟楼、鼓楼及其周边景点，如回民街、清真大寺等，感受浓郁的伊斯兰文化氛围。

Day 5：

上午：前往西安城隍庙及其周边景点，如碑林博物馆、钟鼓楼广场等。

下午：根据个人喜好选择自由活动或购物，如前往大唐不夜城、曲江池等。

在安排行程时，建议避免在同一天安排过多景点，以免疲劳过度。另外，可根据个人兴趣进行调整。例如，如果喜欢文艺活动，可以去西安美术馆、唐乐文化广场等地；如果喜欢美食，可以前往西安特色小吃一条街、回民街等地。

这段旅游攻略很好地做到了语言流畅度，文本连贯性，主题一致性的统一，并给出了它的旅游建议，但是真正去过西安旅游的人应该知道，一天内安排的景点相距过远，个别景点只用半天时间是参观不完的，并且并没有根据要求将每天活动都安排在 10 点以后，如华山距西安 120 公里，来回至少需要两个小时，即使是坐缆车到北峰，半天时间也是远远不够的。这也就说明了 ChatGPT 做描述性文本时考虑不到现实情况，只是简单对事件进行了排列。

叙述性文本通常用于叙述事件或过程，例如，新闻报道、小说、历史故事或科学实验报告。叙述性文本在生成过程中，当资料库内容缺失时，ChatGPT 只能给出看上去合理的答案。例如，查询历史人物张居正的人物传记时，ChatGPT 给出如下回答：

问题：写一篇张居正的人物传记。

回答：张居正（1525—1582 年），字太维，号东篱，汉族，江苏南京人，明朝中期杰出的政治家、文学家、战略家、改革家和教育家。他是明朝历史上有着深远影响的政治人物之一，被誉为“明朝第一宰相”。

早年经历：张居正出生在一个富裕家庭，他的祖父曾经担任过南京兵部尚书。由于家境富裕，张居正得以受到良好的教育。他

14 岁时考中了进士，并进入了南京礼部学习。在学习期间，他勤奋刻苦，努力钻研经史，深受名师杨士奇的指导。

政治生涯：1557 年，张居正进入官场，开始了他的政治生涯。他先后担任了兵部右侍郎、大理寺卿、兵部尚书等职务，由于他的卓越才能和出色表现，不久便受到了朝廷的重用。1567 年，张居正被任命为礼部尚书，掌管全国的礼仪和文化事务，开始了他的改革之路。

张居正改革的目标是推进“革新变法”，通过削减官员的特权、改善财政、整顿军备等措施来巩固明朝的国力。他制定了一系列政策和措施，包括取消盐业专卖制度、削减官员俸禄、打击贪污腐败、扩大军备等。他还大力发展水利和农业，建设水利工程，促进农业生产的发展。这些改革措施虽然引起了不少反对意见，但最终被证明是正确和必要的，使明朝得以保持长期的稳定和繁荣。

战略思想：除了政治改革，张居正还是一位杰出的战略家。他主张以“保汉”为中心，发扬“国富民强，以抗外侮”的精神，同时发展海洋经济和对外贸易，提高中国的国际地位。他曾经在福建、广东等地巡视，并规划了一个海洋路线，鼓励海外贸易。他还指导修建了北京的城墙和故宫，并采取了一些策略措施，以防备外敌入侵。

教育贡献：张居正还为明朝的教育事业作出了巨大贡献。他提出了“以儒治国”的思想，认为只有通过培养人才，才能使国家更加强大。他主持制定了《大明律》和《大明鸿胪寺诗谱》，规范了文化和法律的标准。他还创立了国子监、四书五经等学校，为明朝培养了大批人才，对中国教育史产生了深远影响。

结局：尽管张居正为明朝作出了巨大的贡献，但他在政治上也遭到了一些反对和攻击。他的改革措施和政治理念，引起了不少官员和统治阶级的不满。1582 年，张居正被诬陷谋反，并被迫害致死。他去世后，世人对他的评价越来越高，认为他是明朝最伟大的政治家之一。

总结：张居正是明朝历史上的一位杰出人物，他在政治、军事、文化、教育等方面都有着重大贡献。他提出了许多深刻的政治理念和战略思想，为明朝的发展作出了重要贡献。尽管他在生前遭到了不少攻击和迫害，但他的改革措施最终证明是正确的，对中国历史和文化的发展产生了深远的影响。他的事迹也对今天的人们有着重要的启示，要勇于创新和改革，为国家和民族的繁荣发展作出自己的贡献。

稍微翻阅一下书籍和网页关于张居正的记载，明显发现这篇人物传记中有很多信息都是错误的，基本脱离史实，完全虚构了一个历史人物。ChatGPT 模型将输入的文本序列分别映射到多个向量空间中，并通过自注意力机制将这些向量表示进行加权组合，从而得到最终的表示，这也就说明 ChatGPT 输出的文本不一定就是真实的信息，而是在已经获取的训练集中按照模型输出的频率最高的信息。这就有可能导致 ChatGPT 输出的文本像在一本正经地胡说八道。

说明性文本通常用于解释或阐述一些概念或事实，例如，说明书、科学报告或教科书。对于 ChatGPT 熟悉的领域，说明性文本的生成还是能给出详尽的回答。例如，关于生成 ChatGPT 说明书的问题，如下解答就非常令人满意：

问题：写一个使用 ChatGPT 的说明书。

回答：欢迎使用 ChatGPT，这是一个由 OpenAI 训练的大型语言模型，可以进行各种对话和文本生成任务。以下是使用 ChatGPT 的说明书。

如何使用 ChatGPT

使用 ChatGPT 非常简单，只需输入您的问题或指令，模型就会根据您提供的信息生成相应的回答或文本。您可以在以下环境中使用 ChatGPT：

在线聊天窗口：访问网站或应用程序的聊天窗口，并开始输入问题或指令即可开始对话。

Python 代码：在您的 Python 代码中使用 ChatGPT API，调用模型以生成文本。

如何开始对话

要开始对话，请输入您的问题或指令。模型将尝试理解您的意图，并生成相应的回答或文本。

以下是一些您可以问的问题或指令的示例：

“你好，可以介绍一下你自己吗？”

“明天会下雨吗？”

“如何制作意大利面？”

“告诉我一些有关健康的小贴士。”

请注意，由于 ChatGPT 是一个自然语言处理模型，因此您的问题或指令的准确性和清晰度将影响模型的回答和响应速度。请尽可能明确和简洁地表达您的意图。

如何获取更好的回答

要获得更好的回答，请尽可能明确和简洁地表达您的意图，并提供足够的上下文信息。这将使模型更容易理解您的问题或指令，并生成更准确和有用的回答。

以下是一些有助于提高模型回答质量的提示：

使用简单、清晰的语言表达问题或指令。

提供尽可能多的上下文信息，如相关背景或相关细节。

尽可能提供具体的问题或指令，而不是过于广泛或模糊的描述。

如何保护个人信息

请注意，ChatGPT 是一个公共语言模型，不能保证完全保护您的个人信息。因此，请勿在 ChatGPT 中输入敏感信息，如您的密码、信用卡信息或其他敏感信息。

如何与开发者联系

如果您在使用 ChatGPT 时遇到任何问题或有任何建议，请随时联系 ChatGPT 开发团队。您可以通过我们的网站联系我们，我们将尽快回复您的问题和反馈。

ChatGPT 是一个功能强大的语言模型，可以用于各种对话和文本生成任务。通过明确和简洁的表达问题或指令，并提供足够的上下文信息，您可以获得更准确和有用的回答。请注意，在使用 ChatGPT 时，保护个人信息非常重要。如果您有任何问题或建议，请随时与开发团队联系。谢谢使用 ChatGPT！

这段说明书简单介绍了 ChatGPT 的使用说明和使用注意事项，总体来说可以指导使用 ChatGPT，具体在哪种情况下使用，怎样使用，产出什么结果都需要自己探索。

议论性文本通常用于表达作者的观点、立场或意见，例如，社论、辩论稿或专栏文章。议论性文本的生成是最考验人工智能的逻辑能力的，但是议论不仅需要提供论点还需要给出论据，在 ChatGPT 生成议论性文本过程中，论点的论证由于资料库的限制，会出现论据不够，论证不充分的情况。如下回答中，ChatGPT 的议论能力体现得非常明显：

问题：在学习中不应过多使用人工智能，以此为题写一篇议论文。

回答：随着人工智能技术的不断发展和应用，越来越多的学校和教育机构开始将其引入教学中，以提高学习效率和质量。然而，我们也应该认识到，在学习中过度依赖人工智能并不是一个好的选择。在本文中，我将阐述为什么在学习中不应过多使用人工智能。

首先，人工智能无法完全替代人类的思维和判断。尽管人工智能可以模拟人类的思维和模式识别能力，但其还是缺乏对情境的理解和对人类行为和情感的洞察力。这意味着在某些情况下，人工智能可能会给出错误的答案或建议，而学习者需要自己思考和判断，才能获得正确的答案。因此，在学习中过多地依赖人工智能，可能会削弱学生的思考能力和判断力，甚至导致学生变得依赖性很强。

其次，人工智能不适用于所有学科。虽然人工智能在某些领域取得了显著的进展，如语音识别、自然语言处理和图像识别等，但在其他领域，如历史、哲学和文学等，它并没有什么作用。在这些学科中，学习者需要更多地依赖于阅读、分析和理解，而不是仅仅依赖于人工智能的答案。因此，过度依赖人工智能可能会导致学习者对这些学科的理解和研究能力的缺失。

再次，过度依赖人工智能可能会导致学生的学习动力降低。人工智能可以为学生提供即时的反馈和答案，但这也可能会让学生变得过于依赖于它。这样的学生可能会变得不愿意思考和探索，而只是等待着人工智能给出答案。这会导致学生对学习的兴趣和动力降低，甚至影响到他们的成绩和未来发展。

因此，在学习中使用人工智能是一种好的选择，但应该适度使用。学生需要理解人工智能的优点和局限性，并在学习过程中保持自己的思考和判断能力。教育机构也应该控制使用人工智能的频率和方式，以确保学生在学习过程中获得充分的挑战和成长。同时，教育机构应该注重学生的综合素质和能力的培养，包括思考、判断、分析、沟通和合作等方面。这些能力对于学生未来的发展和成功是非常重要的，而人工智能只能起到辅助作用。

此外，教育机构也应该注重课程的多样性和丰富性，不仅仅局限于人工智能所涉及的学科领域。学生需要接触到不同的学科和知识领域，以拓展自己的视野和思维方式。这样才能更好地适应未来的社会和职业需求。

综上所述，虽然人工智能在学习中具有一定的作用和优势，但过度依赖它并不是一个好的选择。学生需要保持自己的思考和判断能力，并在学习过程中接触到不同的学科和知识领域。教育机构应该注重学生的综合素质和能力的培养，以确保学生能够适应未来的社会和职业需求。

这篇议论文论点清晰，充分说明了 ChatGPT 在学习中的局限性和可能带来的负面效果，但我们发现这篇议论文缺少实例举证。这从侧面说明 ChatGPT 在理论描述上有较强的逻辑和论述，牵涉具体的应用实例就有点欠缺。

诗歌性文本通常用于表达情感或美感，例如，诗歌、歌词或戏剧。ChatGPT 输出诗歌的难点在于，诗歌是一种语言艺术，需要运用丰富的词汇、韵律、节奏、形式和意象等元素来表达情感、思想和意义。

问题：创作一首七言绝句，押一韵。

回答：好的，以下是一首我创作的 4 句七言绝句，押韵方式为押“花”韵：

春风拂面吹新花，

蜂蝶飞舞乐无涯。

绿柳垂丝遮小径，

溪水潺潺透清华。

解析：这首四句七言绝句采用了七言绝句的形式，要求每句七个字，而且每句都押“花”韵。本诗描绘了春天的景象，春风拂面，新花盛开，蜂蝶飞舞，绿柳垂丝，小径被遮蔽，溪水潺潺，流水清澈见底，展现了春天的生机勃勃和清新宜人的气息。此诗通过鲜明的春天景象表达了生命与自然的美好，使人感到欣慰和愉悦。

问题：给上面的诗起名字。

回答：好的，根据这首七言绝句所描绘的春天景象，我为这首诗命名为《春日溪畔》。此名字既能表达诗歌的主题，也具有一定的意境和韵律美感。希望您喜欢。

这首七言绝句第 1、2、4 句押“花”韵，描述的是春天典型场景，虽然没有深刻的思想意义，但也是一首符合七言绝句规则的诗。

诗的名字也符合整篇诗的主题，并且委婉交代了诗所描绘的地点。

经过五种文体的简单应用测试，ChatGPT 生成的文本基本符合文体所规定的规则，已经取得了相当好的表现，但它并不是完美的，有时会出现一些语义上的偏差或逻辑上的瑕疵。

（三）ChatGPT 将是文本生成的主力军吗？

从 ChatGPT 的文本生成来看，ChatGPT 的表现可谓令人惊艳。作为当前最先进的文本生成技术产品之一，ChatGPT 在文本生成领域的发展中将扮演着非常重要的角色。那它是否会成为文本生成的主力军？是否会成为文本创作者的替代人？

目前已经有不少文本生成技术正在不断地发展和优化，如 Bert、T5 等，它们与 ChatGPT 一样具有很高的性能和应用前景，因此 ChatGPT 并不是唯一的选择，它也不能完全满足所有场景的需求。此外，ChatGPT 等大型语言模型需要庞大的计算资源才能训练和部署，这也会限制其在某些应用场景中的使用。文本生成技术需要大量的数据来进行训练和优化，而这些数据必须具有代表性和多样性，以便模型可以学习到各种不同的语言。此外，训练文本生成模型还需要大量的计算资源和存储空间。同时，应用场景和需求对文本生成技术的要求也是不同的，有些场景可能需要生成专业化和技术性的文本，如医学、法律、金融等领域，而有些场景则更侧重于生成富有情感和创意的文本，如文学作品、广告语等。因此，文本生成技术的应用和发展也需要根据不同的场景和需求进行针对性的优化。随着文本生成技术的不断发展，人们也越来越关注技术的安全和隐私问题。由于文本生成技术可以生成虚假的或误导性的文本，因此它也可能被用于网络欺诈、网络攻击等非法活动。此外，由于文本生成技术需要大量的训练数据和模型参数，用户隐私泄露等问题可能存在。由此可见，尽管 ChatGPT 在文本生成方面表现优异，但它并不是唯一的选择，也不一定会成为文本生成的主力军，未来的发展还需要进一步的研究和探索。

二、软件开发中的 ChatGPT

作为一个大型语言模型，ChatGPT 具有强大的自然语言处理和机器学习能力。ChatGPT 可以从大量的文本数据中学习和理解人类语言，其中当然也包括程序代码语言。通过 ChatGPT 的模型，ChatGPT 可以解析和理解程序代码的语法、语义和逻辑，并生成符合规范的代码，就如同建立起了一个智能的软件开发编程大脑。ChatGPT 还可以提供实用的编程建议和代码优化，帮助人们更高效地编写程序，是程序员岗位的最大挑战者。

（一）ChatGPT 还可以码代码！

ChatGPT 是一种基于深度学习的语言模型，最初是人们为了进行自然语言处理任务而将其开发出来的。然而，在近年来的研究中，人们发现了 ChatGPT 在软件开发领域的巨大潜力。尤其是在代码生成方面，ChatGPT 可以通过分析现有的代码库以及对程序语言的理解，生成高质量的代码。ChatGPT 在软件开发中的代码自动补全、代码重构、代码注释等具体应用方面都有着很好的效果。

在软件开发中，有时需要编写大量的重复代码或者模板代码。

这些代码通常比较简单，但需要花费大量时间和精力进行编写。ChatGPT 可以通过对现有代码库的学习以及对程序语言的理解，自动生成这些简单的代码片段。例如，程序员可以输入“generate 10 random numbers”，ChatGPT 可以自动生成一个能够生成 10 个随机数的代码片段。此外，代码自动补全是现代代码编辑器的标配功能，其可以大大提高程序员的编码效率。以 Python 编程为例，当程序员键入代码时，编辑器会自动显示代码提示。这些提示通常是基于代码库和程序语言的语法分析得出的，能够帮助程序员快速输入正确的代码。然而，传统的代码自动补全技术有其局限性，往往只能提供基本的代码提示，不能针对复杂的逻辑进行精准的补全。作为一种强大的语言模型，ChatGPT 可以通过对代码库的学习

图 4-2　ChatGPT 能够通过分析现有的代码库以及对程序语言的理解，进而写出代码

图片来源：千图网

以及对程序语言的理解，提供更为精准的代码提示。它可以基于现有代码补全程序员正在输入的代码片段，并生成符合程序语言语法的代码。例如，程序员可以输入“for i in range(10)：”这段代码，ChatGPT 会自动生成“print(i)”这段代码，帮助程序员完成循环打印的功能。

在软件开发中，通过代码重构可以在不改变程序行为的前提下，修改代码结构来提高代码的质量和可维护性。这通常是一个费时费力的过程，需要程序员对程序的结构和逻辑进行深入分析。ChatGPT 可以通过对现有代码库的学习以及对程序语言的理解，自动生成具有高质量和可读性的代码结构。例如，程序员可以输入一段复杂的代码，ChatGPT 可以根据语法分析和上下文的理解，自动提供代码重构的建议。这样就能帮助程序员快速进行代码重构，提高代码质量和可维护性。代码注释对于软件开发也有着重要意义，代码注释一般是由程序员在代码中添加的解释性文字。这些注释通常用于帮助其他程序员理解代码的作用和设计思路。然而，编写注释通常需要花费大量的时间和精力。ChatGPT 可以通过对现有代码库的学习以及对程序语言的理解，自动生成代码注释。这可以大大提高程序员的编码效率，同时也能提高代码的可读性和可维护性。

（二）ChatGPT 用来开发软件的优势

在软件开发中，作为一种人工智能技术，ChatGPT 可以带来很多优势。首先是编码效率方面，编码效率是软件开发过程中非常重要的一个方面，尤其是在大型项目中。ChatGPT 通过自动补全、代码重构、代码生成和注释等功能，可以大大提高程序员的编码效率。

自动补全功能可以根据已有代码和程序语言的语法规则，自动填充缺失的代码。这可以减少输入错误和重复代码的情况，并且能够提高程序员的效率。代码重构功能可以帮助程序员优化代码结构和算法，从而提高代码的可读性、可维护性和性能。代码生成功能可以根据程序员的需求，自动生成代码片段和框架，从而节省编码时间。注释功能可以根据代码的结构和语义，自动生成注释内容，并且可以减少注释错误和重复的情况。

此外，代码质量也是软件开发过程中非常重要的一个方面，它决定了软件的可读性、可维护性、可扩展性和性能等方面。ChatGPT 可以根据现有的代码库和程序语言的理解，自动生成高质量、可读性高的代码结构和代码片段。ChatGPT 可以根据程序语言的语法规则和上下文，自动生成正确的代码结构和代码片段。这些代码片段具有高可读性、低复杂度和良好的结构，从而提高代码的可维护性和可扩展性。此外，ChatGPT 还可以根据程序员的需求和代码的特点，自动生成符合代码风格和最佳实践的代码片段，从而提高代码的质量和可读性。

与此同时，ChatGPT 还可以根据现有代码库和程序语言的理解，发现代码中的潜在问题，并提供改进建议。这些建议可以帮助程序员改进代码结构、算法、命名规范等。在软件开发过程中，人工编码过程中容易出现语法错误、逻辑错误等问题，尤其是在复杂的程序开发中，错误率很高，这可能会导致严重的后果，甚至可能会对整个项目造成重大的影响。通过使用 ChatGPT，程序员可以降低人工错误率，从而提高软件开发的质量和可靠性。ChatGPT 可以通过程序语言的理解和对现有代码库的学习，自动生成正确的代码结构和代码片段。例如，在代码编写过程中，如果程序员输入了错误的语法或拼写错误，ChatGPT 可以自动检测并给出正确的提示。这不仅可以减少程序员花费在纠正错误上的时间，还可以避免一些可能会导致系统崩溃或安全漏洞的错误。ChatGPT 还可以通过代码重构和优化来消除潜在的逻辑错误，例如，在代码重构过程中，ChatGPT 可以检测到可能会导致死锁或内存泄露的代码，然后自动生成修复代码的建议，这些优化不仅可以提高软件的性能和可靠性，还可以避免一些潜在的错误。

总的来说，在软件开发过程中，程序员需要不断地更新和维护代码，以保证软件的稳定性和可用性。使用 ChatGPT 可以自动生成高质量、可读性高的代码结构和代码片段，从而减轻程序员的维护负担，提高软件的可维护性和可持续性。

（三）ChatGPT 和程序员是竞争还是合作？

ChatGPT 在软件开发中的应用可以提高程序员的编码效率和代码质量，但是这并不意味着 ChatGPT 将取代程序员的工作。ChatGPT 在软件开发中的应用可以带来很多优势，但是它也存在一些明显的局限性。ChatGPT 只能根据现有的代码库和程序语言的理解来生成代码，无法像程序员一样进行创造性的编码工作。ChatGPT 生成的代码可能不够优化，需要程序员进行进一步的优化和调整。ChatGPT 只能完成一部分编码工作，程序员仍然需要进行很多人工编码工作。由此可见，尽管 ChatGPT 可以帮助程序员更好地完成编码工作，但它只是一个工具，而程序员才是最终的代码创作者。程序员需要通过对需求的理解、对业务逻辑的把握和对编程语言的熟练掌握，才能够编写出高质量的代码。尽管 ChatGPT 存在一些局限性，但是它确实可以帮助程序员更好地完成编码工作。ChatGPT 可以帮助程序员快速生成代码结构、代码片段和代码注释等，从而提高编码效率和代码质量。程序员可以将时间和精力放在更具创造性和复杂的编码工作上，从而提高整个开发团队的效率和创造力。ChatGPT 还可以帮助程序员更好地理解现有代码库的结构和设计思路。程序员可以通过 ChatGPT 自动生成的代码结构和代码片段，更好地理解代码库的整体结构和逻辑，更好地促进知识分享和团队协作，提高团队的整体技术水平。

总的来说，ChatGPT 只是一个工具，它可以帮助程序员更好地完成编码工作，但并不能完全取代程序员的工作。随着人工智能技术的不断发展，ChatGPT 在软件开发中的应用将会越来越广泛。未来，ChatGPT 可以通过对程序语言和现有代码库的学习，自动推荐最优的代码结构和代码片段，从而帮助程序员更好地完成编码工作。同时，可以通过深度学习和强化学习等技术，不断提高 ChatGPT 的编码能力和代码生成质量。可见，ChatGPT 和程序员之间不应是竞争关系，而是合作关系，程序员们应该更好地利用 ChatGPT 这个代码编程工具，提高编程开发的效率，和 ChatGPT 一起描绘一个更灿烂的科技发展图景。

三、ChatGPT 带来的其他可能

除了上述的两种典型应用，ChatGPT 还可以用于语音识别、语音合成、图像识别等其他任务。ChatGPT 强大的自然语言处理能力

和文本生成能力运用到其他多个领域，它也会在其中扮演重要角色。

（一）ChatGPT 和图像处理

ChatGPT 与图像处理的结合为图像处理带来了新的可能性。在过去，图像处理通常是通过手动编写算法或使用传统的机器学习方法对图像进行分析和处理的。随着深度学习技术的发展，神经网络已经成了处理图像的主要方法之一。ChatGPT 可以作为神经网络的一部分，为图像处理任务带来更加精确和人性化的处理方式。

在图像标注方面，传统的图像标注方法通常是由专业人员手动添加标签。这种方法虽然精确，但是耗时且费力，难以扩展到大规模的图像数据集。而随着深度学习技术的发展，自动图像标注已成了图像处理领域的一个研究热点。其中，作为自然语言处理领域的重要进展之一，ChatGPT 可以通过自动生成文字描述来为图像标注提供更加精确和高效的方法。例如，在图像分类任务中，我们可以将图像输入 ChatGPT，然后它将生成相应的文字描述，告诉我们图像中出现了哪些物体以及它们的特征。这种方法可以在不需要手动标注的情况下，为图像提供精确的标注信息，提高图像分类的准确性。例如，对于一张包含狗和树的图像，ChatGPT 可以自动生成“一只黑色的狗正在树下玩耍”的文字描述，这个描述可以很好地说明图像中的内容和结构。除了通过生成与图像相关的文字描述，ChatGPT 还可以为图像添加标签。例如，对于一张包含狗和猫的图像，ChatGPT 可以自动生成“狗和猫”作为标签，使这张图像可以更准确地分类到“宠物”这个类别。例如，在人脸识别任务中，ChatGPT 可以为每个人脸生成与其相关的文字描述，包括性别、年龄、表情等信息。这可以为人脸识别任务提供更加精确和全面的信息，从而提高其准确性和效率。在为自动图像标注方面带来极大便利性的同时，ChatGPT 仍然面临着一些挑战和限制。自动图像标注的准确性仍然存在一定的局限性。由于图像的语义信息往往不是唯一的，不同的人可能会为同一张图像添加不同的标签，这可能会导致标注结果的不一致性。自动图像标注的规模和复杂度也面临着一定的挑战。自动图像标注需要大量的图像和标注数据来进行训练，而且标注数据往往需要人工来调节参数，这可能会带来时间和成本上的压力。

在当今数字化的时代，图像搜索变得越来越普遍和重要。随着越来越多的数字图像被创建、共享和储存，人们需要更加高效和准确地搜索这些图像，以便在其中找到他们感兴趣的内容。对于企业来说，图像搜索也是一个非常有利可图的领域，可以帮助他们提高产品推广和销售，为用户提供更加个性化的体验。在图像搜索领域，ChatGPT 也起到了非常重要的作用。ChatGPT 可以接受用户在图像搜索时输入的自然语言查询，为图像搜索提供更加准确和全面的描述信息，如颜色、物体、场景等，这可以提高图像搜索的准确性和效率，从而更快地找到相关的图像。这比传统的基于关键词的搜索更加精确和人性化。例如，如果想搜索一张红色玫瑰的图片，我们可以输入“红色的玫瑰”作为查询，ChatGPT 将理解这个查询并返回相关的图像结果。这种方法不仅提高了搜索的准确性，还使搜索更加直观和方便。总的来说，虽然 ChatGPT 在图像搜索领域仍然面临着一些挑战和限制，但是随着技术的不断发展，图像搜索将会成为图像处理领域的重要研究方向之一。

随着人工智能技术的发展，自动图像生成成为一个备受关注的领域。自动图像生成是指利用计算机程序生成新的图像，这些图像可以是真实世界中不存在的，或者是已知图像的变形或重建。自动图像生成可以用于自动生成艺术品、创建虚拟场景或为图像标注提供参考，因此自动图像生成可应用于游戏、虚拟现实、建筑设计、医学影像等领域。在自动图像生成领域，ChatGPT 也展现了强大的应用潜力。它可以通过输入一段自然语言描述，生成与给定文本描述相符的图像。例如，我们可以输入“一只蓝色的狗在沙滩上玩耍”作为描述，ChatGPT 将根据这个描述自动生成与之相符的图像。这种方法可以节省大量的时间和人力成本，使图像生成更加直观和高效。与传统的图像生成方法相比，利用 ChatGPT 生成图像的方法有很多优势。利用 ChatGPT 生成图像可以获得更加丰富的语义信息。相比传统的图像生成方法，利用 ChatGPT 生成图像可以更加准确地表达人类对图像的感知和认知，从而生成更加符合人类认知的图像。另外，利用 ChatGPT 生成图像还可以提高生成图像的多样性和创造性。传统的图像生成方法通常只能生成单一的图像，而利用 ChatGPT 生成图像可以生成多种具有创造性的图像。通过在输入文本中加入不同的语义信息，ChatGPT 可以生成各种各样的图像，这些图像可以是多样性的，也可以是创新性的。尽管 ChatGPT 在自动图像生成领域的应用非常有前景，可以帮助人们更加高效地生成各种各样的图像，但是该技术仍然面临着一些挑战和限制。自动图像生成需要大量的训练数据和计算资源，这对于一些中小型企业和个人开发者来说可能是一种限制。自动图像生成涉及图像的语义信息、颜色、光照等多个方面，如何在生成过程中平衡这些因素也是一个挑战。

除了以上应用外，ChatGPT 还可以在其他图像处理任务中发挥作用，如目标检测、图像分割和图像修复等。在目标检测方面，ChatGPT 可以生成与目标相关的文字描述，以辅助目标检测和定位。在图像分割方面，ChatGPT 可以根据图像的不同部分生成相应的文字描述，以帮助我们更好地理解图像的结构和特征。在图像修复方面，ChatGPT 可以通过自动生成缺失部分的图像特征来帮助我们修复图像缺失的部分。

（二）ChatGPT 和语音合成

随着语音技术的不断发展，ChatGPT 在语音合成方面也变得越来越重要。ChatGPT 通过将其生成的文本转换为语音，实现自然语音生成，这项技术可以应用于许多不同的场景，如虚拟助手、自动客服、语音广告和教育应用程序。

ChatGPT 可以使用 TTS（文本到语音合成）技术将其生成的文本转换为语音。TTS 系统可以将文本分解为单个音素，然后使用合成技术将它们组合成自然流畅的语音。由于 ChatGPT 可以生成自然流畅的文本，因此它可以为 TTS 系统提供高质量的输入，生成更自然的语音。ChatGPT 可以用于语音合成的个性化应用。通过在 ChatGPT 中训练特定用户的语言模型，可以生成与该用户的语言风格和语调相匹配的语音。这种个性化的语音合成技术可以应用于个性化的虚拟助手、语音邮件和电话应用程序。ChatGPT 还可以用于语音合成的 AR（增强现实）应用程序。在增强现实应用程序中，用户可以在现实世界中与虚拟对象交互。通过将 ChatGPT 生成的文本转换为语音，可以将虚拟对象的语音响应添加到增强现实应用程序中。这种技术可以应用于虚拟导游、语音控制和语音游戏等应用程序。ChatGPT 在语音合成方面的应用潜力巨大。通过将其生成的文本转换为语音，可以实现自然流畅的语音生成，并用于各种不同的场景和应用程序。

自动化客服已经成为各种企业和组织的常见选择，可以提供更高效的服务和支持。在过去，自动化客服通常是基于固定的脚本和规则，以响应来自用户的特定问题和需求。然而，这种方法往往难以满足用户的需求，因为用户的问题可能具有多样性和复杂性。近年来，随着自然语言处理技术的发展，自动化客服已经进入了新时代。作为一种新型的语言模型，ChatGPT 为自动化客服提供了更加人性化和高效的服务体验。ChatGPT 可以接受用户的文本输入，并以自然语言生成相应的语音回复。这种方式使自动化客服可以更好地模拟人类对话，提供更加个性化和高效的服务。ChatGPT 的技术核心是深度学习神经网络，它使用海量的文本数据进行训练，以学习语言的结构和规则。通过这种方式，ChatGPT 可以理解用户的输入，并生成符合自然语言的回复。ChatGPT 具有自适应性，可以在不同的文本来源中学习，以适应多种不同的用户需求和语言环境。这种自适应性使 ChatGPT 在处理用户输入时可以更加智能和灵活。ChatGPT 可以帮助企业和组织提供更加个性化和高效的服务体验。ChatGPT 可以处理用户的输入，并针对不同的问题类型和用户需求生成不同的回复。例如，在处理客户询问时，ChatGPT 可以提供相应的产品信息、服务说明和操作指导；在处理客户投诉时，ChatGPT 可以提供道歉、解决方案和补偿措施；在处理用户建议和反馈时，ChatGPT 可以提供感谢、回应和改进措施。这些回复都可以以自然语言的形式呈现给用户，从而更好地满足用户的需求和期望。

除了处理文本输入外，ChatGPT 还可以处理语音输入。这种功能使用户可以使用语音与自动化客服交互，从而更加方便和高效。当用户使用语音输入时，ChatGPT 可以识别用户的语音，并转换为文本输入，然后以自然语言生成相应的回复。这种语音输入和输出的方式可以使自动化客服更加接近人类对话，提供更加智能和自然的服务体验。ChatGPT 可以用于语音控制和响应，使用户可以使用自然语言与虚拟助手交互，而不是受限于固定的命令和语法。在当今的数字化时代，人们对于数字化助手的需求越来越高。目前各大互联网和运营商等公司都推出了人工智能语音助手，如华为的小艺、百度的小度、天猫的天猫精灵、小米的小爱同学。虚拟助手是一种人工智能系统，可以回答问题、提供信息，甚至执行任务，这一切都可以通过自然语言来完成。然而，虚拟助手最大的问题在于，用户必须学会固定的语法和命令才能与其进行交互，这限制了用户的使用体验。如果虚拟助手能够像与人类交互一样自然，那么用户的使用体验将会大大改善，这也正是 ChatGPT 可以为虚拟助手提供的价值所在。ChatGPT 的出现显然对该领域产生了极大的冲击。作为一种先进的自然语言处理模型，ChatGPT 不仅能够理解自然语言输入，还能够将输入转化为高质量的语音输出，将 ChatGPT 接入虚拟助手就能提供更加人性化的交互方式。值得注意的是，ChatGPT 并不是万能的解决方案，它仍然存在一些局限性和挑战。例如，ChatGPT 可能无法完全理解用户的语境和情境，从而导致生成不准确或不恰当的回复。此外，ChatGPT 需要大量的训练数据和计算资源才能达到较好的效果，这可能会限制其在某些领域的应用。

虚拟助手中的语音控制功能是指用户可以通过说话来控制虚拟助手，如发出指令、提出问题，或者指示虚拟助手执行某个任务。使用语音控制可以让用户更加方便地与虚拟助手进行交互，同时也能够提高用户的效率和满意度。ChatGPT 可以通过语音响应的方式与用户进行交互。当用户提出问题或请求时，ChatGPT 可以自动生成语音回复，让用户感到更加自然和亲切。例如，当用户询问当前的天气状况时，ChatGPT 可以直接回答，并提供相应的天气预报。当然，要实现这些功能，ChatGPT 需要具备以下的技术能力。它需要具备良好的自然语言理解能力，这意味着它必须能够理解用户的自然语言输入。它需要能够根据用户的输入生成相应的语音输出，这需要具备优秀的语音合成能力。它还需要能够在实时交互中高效地完成这些操作，这要求它具有较高的性能和实时响应能力。在实际应用中，ChatGPT 可以应用于多种场景，如智能家居、智能车载等。无论是在哪种场景下，ChatGPT 都可以通过语音合成技术提供更加人性化的交互方式，使用户更加轻松地与虚拟助手进行交互。

ChatGPT 可以将文本信息转换为语音，并提供给视障用户，这可以为这些用户提供更加方便的访问方式。无障碍应用程序是指为了让视障人士能够更加便捷地获取信息和使用服务而设计的应用程序。对于视障人士来说，由于无法直接阅读屏幕上的文字信息，因此需要将这些信息转换为语音，并通过语音的方式提供给他们。这就需要使用语音合成技术。语音合成技术主要有两种方式：TTS（文本到语音合成）和 STS（语音合成到语音）。前者是将文本信息转换为语音信息，而后者是将语音信息转换为另一种语言的语音信息。在无障碍应用程序中，TTS 技术的应用十分广泛。它可以将文本信息转换为语音信息，并将这些信息通过语音的方式提供给视障人士。视障人士可以使用耳机或音响来听取这些信息。这种技术可以帮助他们更加便捷地获取信息，提高他们的生活质量和工作效率。目前，TTS 技术已经非常成熟。通过使用 TTS 引擎，我们可以让计算机生成人类语言的语音，这种语音可以很好地模拟人类的语音特征，包括声音、语调和音量等。这种语音不仅可以被视障人士所听取，也可以被其他用户所使用，例如，应用到自动化客服、虚拟助手等程序中。但是，TTS 技术也存在一些挑战。语音合成的质量需要不断地提高，以便更好地满足用户的需求；语音合成的速度也需要提高，以便更快地为用户提供服务；语音合成的可靠性也需要得到保证，以便减少错误和不必要的麻烦。为了解决这些挑战，科学家们一直在努力研究和改进 TTS 技术。他们不断地改进语音合成的算法，加强语音的自然度和流畅度。他们还研究了如何使用深度学习和神经网络等技术来提高语音合成的质量和速度。这些技术的不断发展和创新，让语音合成技术越来越成熟和普及。

除了 TTS 技术，还有一种比较新的语音合成技术，即 STS 技术。这种技术可以将一种语言的语音信息转换为另一种语言的语音信息。STS 技术可以为国际化应用程序提供很大的帮助，例如，在跨语言交流、语音翻译等领域中，STS 技术可以将一种语言的语音信息转换为另一种语言的语音信息，帮助用户更好地进行交流和沟通。随着 TTS 技术和 STS 技术的不断发展与创新，我们相信语音合成技术将在无障碍应用程序以及其他领域中发挥越来越重要的作用。除了 TTS 技术和 STS 技术，还有一些其他的语音合成技术。例如，音位合成技术可以将音位拼接成单词和短语，从而生成更加自然的语音。这些技术都有其优缺点，需要根据具体的应用场景来选择最合适的技术。为了让语音合成技术更好地服务于无障碍应用程序，还需要考虑一些其他因素。例如，语音合成技术需要考虑不同语言和方言之间的差异。在提供语音合成服务的时候，需要根据用户所使用的语言和方言来选择最合适的语音合成引擎。还需要考虑不同用户的声音、音量、语速等因素，以便更好地为用户提供服务。

（三）ChatGPT 和自动驾驶

ChatGPT 还可以与自动驾驶技术结合使用，为智能交通带来更加智能化和人性化的体验。自动驾驶技术可以通过识别和响应路况信息来自动驾驶车辆，而 ChatGPT 可以为这些车辆提供更加人性化的交互方式。

自动驾驶技术已成为当今最热门的话题之一。它是一种基于计算机和先进传感器技术的智能交通解决方案，可以使车辆自主行驶。虽然自动驾驶技术在各个领域都有应用，但最常见的应用场景是在自动驾驶汽车中。作为一种前沿技术，自动驾驶汽车已成为汽车产业的主要发展方向，未来将会给我们的生活带来巨大的变化。

ChatGPT 是一种自然语言处理技术，可以理解自然语言并生成对应的回复。与自动驾驶技术不同，ChatGPT 不需要传感器或外部输入，它的输入只是人类的自然语言，它的输出是基于这些输入的智能回复。自动驾驶技术已经越来越成熟，越来越多的汽车制造商和科技公司都在投入大量的资源进行自动驾驶技术的研究和开发。自动驾驶汽车可以分为五个级别，从最基本的辅助驾驶功能到完全自主驾驶。在完全自主驾驶的情况下，车辆不需要人类干预，可以独立完成所有驾驶任务。自动驾驶汽车的主要技术包括计算机视觉、雷达、激光雷达、全球定位系统（GPS）和高精度地图等。这些技术可以帮助汽车获取周围环境的信息，并帮助车辆作出决策。例如，计算机视觉可以帮助汽车识别道路上的标志和车辆，雷达可以帮助汽车检测障碍物，激光雷达可以帮助汽车构建周围环境的三维模型，全球定位系统可以帮助汽车确定自己的位置，高精度地图可以提供更详细的道路信息。虽然自动驾驶汽车技术有很多优点，但是它还存在一些挑战和限制。例如，自动驾驶汽车需要强大的计算能力和高度精确的传感器，这使它们的成本非常高。此外，自动驾驶汽车在极端天气条件下可能无法正常工作，如雨天、雪天和浓雾天气。此外，自动驾驶汽车还需要克服的挑战包括对人类行为的适应和对法律与道德问题的回应。例如，在遇到危险情况时，自动驾驶汽车应该如何作出决策？它应该优先考虑保护乘客还是保护其他行人？这些问题需要深入研究和讨论。除了技术和道德问题外，自动驾驶汽车还需要满足法规要求。不同的国家和地区可能有不同的法规和标准，这可能会对自动驾驶汽车的开发和应用造成限制。例如，在某些国家，自动驾驶汽车需要配备特定的驾驶员控制装置，以便在必要时由驾驶员接管车辆控制。此外，自动驾驶汽车需要满足一系列的安全标准和测试要求，以确保其安全性和可靠性。尽管存在挑战和限制，自动驾驶汽车仍然是未来的发展趋势。它们可以提高道路安全性、减少交通堵塞、减少能源消耗和碳排放等。此外，

图 4-3　ChatGPT 的诞生让自动驾驶汽车的人机交互更加人性化。图为 2020 年 9 月 27 日北京车展人机交互系统展示　图片来源：中新图片 / 陈晓根

自动驾驶汽车还可以为残疾人和老年人等人群提供更方便和自主的交通工具。

在智能交通领域，ChatGPT 也可以发挥重要作用。乘客出行时，ChatGPT 可以作为语音助手，帮助乘客完成一系列预订和查询工作。例如，当乘客需要预订出租车时，ChatGPT 可以根据乘客的出行时间和目的地，自动匹配出租车并帮助乘客完成预订；当乘客需要查询路线时，ChatGPT 可以根据乘客的起点和终点位置，提供最优的出行路线和交通方式；当乘客需要调节座椅温度或者音响音量时，ChatGPT 也可以快速响应并完成相应的操作。当车辆出现故障或需要维护时，ChatGPT 可以帮助司机和技术人员解决问题和进行维修。ChatGPT 可以通过语音交互的方式，与车辆系统进行连接，获取车辆运行状态和故障信息，并提供解决方案。例如，当车辆出现机油压力过低的问题时，ChatGPT 可以提示司机检查机油油位是否充足，或者是否需要更换机油滤清器等。ChatGPT 还可以用于车内娱乐和信息服务。例如，通过与 ChatGPT 进行交互，乘客可以在车内观看电影、听音乐、玩游戏等，同时也可以通过 ChatGPT 获取最新的新闻资讯、天气预报、股票行情等信息。

总之，ChatGPT 和自动驾驶汽车是两个发展迅速的领域，它们都有着广泛的应用前景。尽管它们仍然面临一些技术、道德、法规等方面的挑战和限制，但随着技术的不断发展和完善，这些问题将逐渐得到解决。我们相信，在不久的将来，ChatGPT 和自动驾驶汽车将为人类的生活和工作带来更多的便利和创新。

ChatGPT

第五章

ChatGPT 与 Web3.0

ChatGPT 如何加快 Web3.0 来临，Web3.0 时代 ChatGPT 如何演变进化?

Web3.0，又称“下一代互联网”，表示互联网发展进入新阶段。它是以区块链等技术为基础，以用户个人数据完全回归个人为前提的智能化、去中心化的全新互联网世界，相较于现在的互联网，会更为开放及实用。不论计算机科学家还是互联网专家，都普遍认为，Web3.0 的到来会让互联网变得更加智能，让我们的生活更加轻松。Web3.0 的定义特征之一就包含人工智能，作为 AIGC 背景下的应用程序，ChatGPT 的出世必将引发 Web3.0 的又一轮革命。

一、从 Web1.0、Web2.0 到 Web3.0

互联网始于 1961 年的阿帕网（ARPANET），直到 1994 年，网景浏览器的出现，才为全球数十亿人打开了互联网的大门。互联网自诞生之日起，就未停止过前进的脚步，Web1.0 到 Web2.0 是互联网的第一次飞跃，Web1.0 时代，人们只是个旁观者，而 Web2.0 时代，人们变成了互联网建设的参与者，未来的 Web3.0 时代，人们将会与移动互联网建立更为“亲密”的关系。不论 Web1.0、Web2.0

还是 Web3.0，都致力于满足人们日益增长的物质文化、工作生活等需求，并朝着这一方向持续演进。

（一）“只读”的 Web1.0

Web1.0 是个人计算机互联网，泛指 20 世纪 90 年代及 21 世纪初的 web 版本，它以门户网站为代表，降低了信息获取的门槛，提升了全球信息传输的效率。我们现在耳熟能详的一些互联网企业，像腾讯、阿里巴巴等，都是始于 Web1.0。那个时候，火遍网络的就是门户网站，国外的雅虎网，国内的四大门户新浪网、网易网、搜狐网和腾讯网。

Web1.0 时代的互联网就像一本电子词典，将现实世界中的诸多信息数字化之后呈现在大家面前，人们通过它可以搜索并阅读自己感兴趣的内容，但是仅此而已。目前大多数电子商务网站从本质上讲还是 Web1.0 模式，因为其目的非常简单，通过网站向用户展示产品，以期待潜在的消费者们购买，而后从中获取利益。这些网站普遍地反应迅速，用户在使用的时候极为顺畅，但是互动程度非常之低，这也是 Web1.0 最大的问题——网页不具备任何交互功能，就像早期的电视一样，虽然有很多个频道供大家选择，也有些电视节目非常优秀，但是只能看不能互动，频道播什么就看什么，用户完全处于被动接收的地位。

Web1.0 是由静态网页组成，通过静态的 HTML 网页发布信息，用户通过浏览器来获取信息，网页上的内容可以是文本、图片以及简单的视频，这些均由 Web1.0 中的服务器文件系统提供，用户以“只读”的方式通过 Web 浏览器进行浏览。这个阶段，网络用户大部分都是内容消费者，内容创作者很少，主要是政府、企业等的门户网站，信息的传递以静态、单向为主，并且呈现中心化的特点，信息发布的主动权也在于网站的拥有者，用户除了“看”或“不看”的选择外，不具备任何自主权，基本上无法参与到互联网建设中。

从 1994 年网景公司推出了第一款大规模商用浏览器，到后来谷歌后来居上，推出了大受欢迎的搜索服务。虽然各个网站采用的手段和方法不同，但是他们都有着共同的特征：一是技术创新引领发展。技术的发展与变革对网站的发展有着关键性的作用，国内的几大门户网站，新浪以技术平台起家，腾讯以即时通信技术起家，网易以游戏起家，搜狐以搜索技术起家，在这些网站的创始阶段都留下了技术的痕迹。当然，技术创新的背后是真实的市场与用户需求，不然所谓的技术创新就会曲高和寡，成为“空中楼阁”，科技最终是要为人类服务的。二是依赖点击流量赢利。Web1.0 的赢利模式均是以用户点击率为基础，通过巨大的点击流量开展增值服务，无论是早期融资还是后期获利，都是如此，点击流量决定了赢利的水平和速度。三是主营兼营的产业结构。有的以新闻 + 广告的形式，有的通过拓展游戏，还有的延伸门户矩阵，各家均以主营业务为突破点，吸引流量，而后以兼营作为补充点，形成“拳头加肉掌”的发展方式。

总体上来说，Web1.0 只满足了人们对信息搜索的需求，而没有解决人与人之间沟通的需求，虽然也有少量互动的方式和平台，如电子邮箱服务、聊天室、论坛等，但是整体上来说，互动性是很差的，因此，Web2.0 应势而来。

（二）“可读可写”的Web2.0

如果说Web1.0是由少数人为多数人创作提供内容，是“只读Web”，那么Web2.0就是多数人为持续增长的用户创作更多的内容，是“可读可写的Web”，实现了Web1.0缺乏的用户交互体验。在Web2.0中，用户不再局限于浏览，而是可以将创作自己的内容上传至网页上，它也是目前绝大多数用户使用的一种Web交互形式，智能终端（特别是智能手机）的普及和社交网络的兴起更是促成了Web2.0的急剧增长。互联网平台已经高度渗透到世界的各个角落，为用户提供通信、社交、网购、资讯、娱乐等各类服务。

如果说Web1.0只是简单地将纸质媒体复制粘贴到互联网上，那么Web2.0就是开启了一个新时代，全面激发了大众对文化创造的热情，更多的用户参与到了文化现象或文化事件的创造、分享和传播中，每个人在理解这种文化现象或文化事件的同时，又赋予它们新的含义，使互联网用户们在协力创造自己的同时，又从这些自我创造的文化中构建新的文化，由此形成了一种循环，使在Web2.0产生的诸多文化现象或文化事件在内涵上呈现着不稳定但又包罗万象的状态。

各式各样的社交网站，像Facebook、微信、小红书、微博、抖音都是Web2.0的代表，这个阶段除了网页，还出现了Web应用程序，微信的Web版本相信很多人也都使用过。和Web1.0时代不同，用户可以在网站上创作并发布属于自己的内容（包括文字、图片、视频等），并与其他用户进行交流互动。我们在微信朋友圈里分享自己的生活，在别人发布的微博下评论、点赞，在抖音上发布小视频，在头条或知乎上提问或回答问题，在美团上发表对某一家店铺的评论，在论坛上和其他用户交流，这些都离不开 Web2.0。正是 Web2.0 带来的互动体验，让其重新定义了市场营销和商务运营，网络上一条用户差评就可以让一家店铺倒闭，因为多数用户在购买之前，除了商品详情外，用户评论也是必看的，这也是“水军”之所以存在的原因，它影响着用户的决策。

Web2.0 给用户带来巨大便利的同时，隐私泄露、大数据杀熟等问题也接踵而至。微软、Facebook 等都发生过数据泄露事件。2022 年，微软因云服务器配置不当，数万用户的敏感信息遭到暴露。Facebook 也因泄露 5 亿用户数据被欧洲监管机构罚款 20 亿元。在国内，学习通数据库泄漏的相关信息高达 1.7273 亿条。这些问题很大一部分是因为 Web2.0 具有由中心化服务组成的特点，用户创作的内容、个人隐私数据等信息都集中在提供服务的特定公司，因为在获取各平台提供的服务之前，往往都会被“胁迫”同意个人数据采集，致使平台收集了大量的用户数据，这种数据集中于一处的方式存在着极大的网络安全隐患和数据垄断问题，个人信息一旦泄露，将会为用户带来极大的危害。除了信息泄露的风险外，更有一些平台利用采集的数据，用算法分析后进行“杀熟”，同样的商品，新用户看到的价格比老用户看到的价格低，优惠多。正因如此，用户与平台的不信任程度也升至最高。爱德曼国际公关公司的调查也验证了这一点，其在 2020 年的一项调查中发现，多数商业平台都无法站在用户的立场探索自身的发展，难以获得公众的完全信任。

此外，Web2.0 时期是以用户生产和分享内容为主导的全新互动网络模式。虽然用户自己制作分享内容，但相关规则依然由互联网平台制定，即便用户给平台带来了数据和流量，由此转化成的经济效益却跟用户无关，其作为互联网价值的源头享受不到相应的价值收益。当然，也不否认，也有一小部分人在这个内容创造的过程中获得了一定的收益，如抖音、小红书、头条上的“大V”们，这些人已经尝到了内容创作的“甜头”，也吸引了更多的旁观者参与其中。现下的“大V”们还是满足于当前平台给予的利益的，但是随着社会发展，越来越多的人意识到这些收益完全不能和其带来的利益相提并论，利益的大多数终究归于平台，而不是利益的创造者——用户们。因而“要求互联网价值的公平分配”将是一种必然趋势，人们也必然渴求新一代互联网的诞生，这就是 Web3.0。

（三）“可读可写可拥有”的 Web3.0

Web3.0 致力于解决 Web2.0 存在的数据垄断、隐私保护缺失、算法作恶等问题，改变用户与互联网平台之间的不对等关系，让用户拥有更多自主权，在创造价值的同时又能公平地得到相应的利益，使互联网朝着更加开放但又普惠和安全的方向前进，成为更可信、更公平、更智能的新一代互联网。其核心思想就是去中心化，强调以用户为中心，让用户拥有更多自主权，即“可读可写可拥有的 Web”，是一个运行在“区块链”技术之上的“去中心化”的互联网。

在 Web2.0 时代，用户如果想使用不同的平台，那就必须在每个平台上创建账户以获取数字身份，相信我们都有在平台上注册账号、时常为起账号名称而烦恼的经历。普通网民拥有的账号可能有几十个，网络达人们很有可能破百。我们有时好不容易想到一个合心又有创意的名称，还极有可能已在平台注册过，而且不同平台对密码的长度、组成也要求不一，所以还可能陷入经常记乱密码，不得不重新找回，下一次使用该平台可能又是进入新一轮的循环。而在 Web3.0 中，这些问题全都不再存在，它可以为用户打造一个独有的去中心化的通用数字身份体系，能在所有平台上使用，避免了创建账户设置密码的诸多问题。这个通用的数字身份体系是通过公私钥的签名与验签机制建立的，同时还通过分布式账本技术构建分布式公钥基础设施（Distributed Public Key Infrastructure，DPKI）和一种全新的可信分布式数字身份管理系统。用户数据经密码算法保护后在分布式账本上存储。身份信息与谁共享、作何种用途均由用户决定，只有经用户签名授权的个人数据才能被合法使用。通过数据的全生命周期确权，数据主体的知情同意权、访问权、拒绝权、可携权、删除权（被遗忘权）、更正权、持续控制权能得到真正的保障。而且分布式账本是一种严防篡改的可信计算范式，在此范式下，发证方、持证方和验证方之间可以端到端地传递信任，用户完全不用担心安全问题。Web3.0 打破了中心化模式下数据控制者对数据的天然垄断，给予用户自主管理身份的权利。在此前提下，用户掌握自己的数据所有权和使用权，那么公平地参与由此产生的利益分配也是必然。当然这需要包括区块链、人工智能和物联网在内的多项技术的共同探索，但是不管道路多么艰难，途中又有多少风险，“一切终将归于用户”是大势所趋，互联网的发展只能是迎合人们的需求，而不是背道而驰。

除了需要在不同的平台创建账号外，Web2.0 时代，各个平台之间的信息也不能互通，数据完全独立。而 Web3.0 可以基于统一的通信协议，让不同网站内的信息可以直接进行交互及整合，通过这种方式，一方面，用户在所有网站上可直接使用自己的数据，而不是像在 Web2.0 时代，哪怕是图片、视频或文本这些通用形式的内容也都需要先从一个平台下载后保存至本地，而后登录其他平台，再进行发布上传。另一方面，由于 Web3.0 各平台之间是基于统一的分布式协议进行连接，用户如果想更换平台也是极其简单的，只要花费极小的成本甚至无成本地就可以从一个提供商转移到另一个提供商。这是一种自由的双向选择关系，用户与平台完全处于平等地位，而不像 Web2.0 时代，由于平台之间的信息无法互通，也许最初用户还拥有选择的权利，但一旦开始注册使用，就被平台牢牢绑定，如果想更换平台，虽然也可以，但是意味着你要抛弃在当前平台上的所有数据，尤其是那些消失在历史洪流里的平台，用户数据更是不可能再找回。在 Web3.0 模式下，用户和平台是对等的关系，不存在谁控制谁的问题，这也是它的显著优势之一。

Web3.0 还是一个更为安全可信的互联网世界。我们都知道，在计算机世界里，信息的复制和修改是极其容易的一件事情。Web1.0 和 Web2.0 虽然可以传递文字、图片、语音、视频等信息，但因为缺乏安全可信的价值传递技术支撑，是无法像发邮件、短信一样点对点发送价值（比如数字现金），大家目前广泛使用的各种转账功能，看似是点对点发送价值，其实不然，在其背后，是有可信赖机构的账户系统为大家背书，进行价值的登记、流转、清算与结算。而 Web3.0 可以保证用户安全地进行金融交易，而且无须集中授权或协调者，这同样依赖于分布式账本技术。分布式账本技术为数字资产提供了独一无二的权益证明。利用哈希算法辅以时间戳生成的序列号是数字资产唯一性的保证，难以被复制。一人记录、多人监督复核的分布式共识算法杜绝了在没有可信中间人的情况下数字资产造假的问题。数字资产还能做到不可分割，可以完整状态存在、拥有和转移。

Web3.0 将重构互联网经济的组织形式和商业模式。Web1.0 和 Web2.0 以互联网平台为核心，由互联网平台组织开展信息生产与收集，通过平台连接产生网络效应，降低生产者与消费者之间的搜寻成本，优化供需匹配，因此被称为平台经济。而 Web3.0 利用分布式账本技术，构建一个激励相容的开放式环境，我们称之为去中心化自治组织（DAO）。在这样的环境中，众多互不相识的个体自愿参与“无组织”的分布式协同作业，像传统企业一样投资、运营、管理项目，并共同拥有权益和资产。项目决策依靠民主治理，由参与者共同投票决定，决策后的事项采用智能合约自动执行。去中心化自治组织是一种“无组织形态的组织力量”，没有董事会，没有公司章程，没有森严的上下级制度，没有中心化的管理者，而是去中心化，点对点平权。用户共创共建、共享共治，他们既是网络的参与者和建设者，也是网络的投资者、拥有者以及价值分享者。

综上所述，Web3.0 具备以下特征：它为用户提供了公开或私下互动的自由，而无须中间人将他们暴露在风险之中，因此为人们提供了“无须信任”的数据；它无须管理机构的授权即可促进参与；这是一个语义网络，网络技术演变成一种工具，让用户可以通过搜索和分析来创建、共享和连接内容，它基于对单词的理解，而不是数字和关键字；它结合了人工智能和机器学习，将其与自然语言处理相结合，就会使 Web3.0 的计算机变得更智能，对用户需求的响应能力更强；它通过物联网（Internet of Things，IoT）呈现多个设备和应用程序的连接性。语义元数据使这一过程成为可能，允许有效利用所有可用信息。此外，人们可以随时随地连接到互联网，无须电脑或智能设备；它使用 3D 图形。事实上，我们已经在电脑游戏、虚拟旅游和电子商务中看到了这一点。

Web3.0 可用于以下几个方面：一是元宇宙（Metaverse），一个 3D 渲染的无限虚拟世界；二是区块链游戏，它们允许用户拥有游戏内资源的实际所有权，遵循 NFT 非同质化（代币）的原则；三是隐私和数字基础设施，这种用途包括零知识证明和更安全的个人信息；四是去中心化金融，这种用途包括支付区块链、点对点数字金融交易、智能合约和加密货币；五是去中心化的自治组织，社区成员拥有在线社区。

虽然 Web3.0 还没有来到，也不知道它将何时完全就位，但是我们已经在诸多事物中看到了 Web3.0 的影子，体会到了其有别于 Web1.0 和 Web2.0 的巨大改变。如 NFT、区块链、分布式账本和 AR 云。此外，Siri 就是 Web3.0 技术，物联网也是如此。但是，如果完全实现，它将更接近蒂姆·伯纳斯·李（Tim Berners Lee）对 Web3.0 的最初愿景。正如他所说的，这将是一个“无须中央机构的许可即可发布任何内容……没有中央控制节点，因此没有单点故障……也没有‘终止开关’”的互联网前景，我们期待着这一天的到来。

二、ChatGPT 加快 Web3.0 来临

当下正是 Web2.0 向 Web3.0 演进的重要时刻，各类信息技术的突破都会加速这个过程，而 ChatGPT 带来的新一轮人工智能革命自然也不例外，ChatGPT 的核心功能是创造，本质是生产力的提升，尽管使用场景和使用者会影响其所能提高的生产力水平，但是截至目前，它确实已经表现出作为先进生产工具的强大创造力。我们相信，以 ChatGPT 为代表的生成式人工智能完全有潜力成为 Web3.0 时代的重要生产力工具，解决数字世界的数据资产与内容生产难题，补齐 Web3.0 发展中的生产力短板，从而加速 Web3.0 时代的到来。

（一）助力区块链技术

区块链技术是 Web3.0 的核心技术之一，ChatGPT 本身并没有直接影响区块链技术的能力，因为它只是一种自然语言处理模型，通过学习和模仿人类语言来产生回答。然而，ChatGPT 这样的人工智能技术可以为区块链应用程序提供支持，如智能合约编写、安全审计等。智能合约与区块链的结合，普遍被认为是区块链世界中一次里程碑式的升级，它允许在没有第三方的情况下进行可信交易，大大简化了业务交易流程，在不影响真实性和可信度的情况下减少了付款延迟、错误风险和传统合同的复杂性。它是区块链项目发展过程中不可或缺的一部分，第一个结合了区块链与智能合约技术的平台——以太坊（Ethereum）的诞生，更是被认为开启了“区块链 2.0”时代。

图 5-1　区块链是一种按照时间顺序将数据区块以顺序相连的方式组合成的一种链式数据结构，并以密码学方式保证的不可篡改和不可伪造的分布式账本。图为国家大数据（贵州）综合试验区展示中心区块链等的高新技术展示区

图片来源：中新图片 / 瞿宏伦

目前，大多数平台都采用 Solidity 作为智能合约语言，它是专门为实现智能合约而创建的，吸收了 C++、JavaScript 等高级编程语言的部分特性，例如，它是静态类型语言、支持继承、库以及复杂的用户定义类型。然而对开发人员来说，用 Solidity 编写、运行以及测试智能合约并不是一件简单的事情，但是有了 ChatGPT，一切将会变得不一样，OpenAI 目前正在进一步研究如何使用自然语言生成技术生成智能合约的代码。

因为 ChatGPT 可以通过语言模型理解和分析合约条款和条件，所以让其自动生成代码和合约是可能的。例如，ChatGPT 的组件（如 Codex）能够根据语言描述生成 Solidity 代码。可以把 ChatGPT 当作一个智能合约助手，开发人员在其中键入或者直接语音输出类似“在 Aave 中请求闪贷的可靠代码是什么？”之类的内容，它将生成相应的智能合约代码片段。当然，在智能合约的开发上完全依赖这种人工智能的程序式输出是不可能的，但是其代码框架、构造以及逻辑上都可为开发人员提供专业的开发参考范本和校验检查。事实上，开发人员有很大一部分时间都用于构建样板模板，所以借助于 ChatGPT 这样的“助手”，开发人员可以极大地提高开发速度。考虑到它的输出还可以定制成各种用例，这样的“助手”不得不让人艳羡，这些都是传统的在线操作指南和编码指南无法做到的。

除了智能合约的代码编写，安全审计也是一个缓慢、昂贵且烦琐，但是又必不可少的过程，开发人员需要反反复复地检测以寻找漏洞，然后加以修复。审计的过程大部分是执行测试的过程，而这些测试对智能合约开发人员来说往往并不轻松，与此同时，人工智能在利用数据的对比和筛查中能随时起到提醒和纠错的功能。试想一下，如果能有一个用于智能合约审计的 ChatGPT 的微调版本，它可以接受诸如 Solidity 之类的语言输入，并在给定的智能合约中运行一组测试，那对测试效率的提高将会起到很大的促进作用。虽然用它完全替代人类审计员是不可靠的，但是对于明显的漏洞，它游刃有余。

也就是说，ChatGPT 既可以作为代码的原始创建者，也可以作为安全漏洞的检查者。此外，ChatGPT 还可以用来生成智能合约的自然语言文本，使用户能够通过语言描述更加人性化地创建和管理智能合约。将它和其他人工智能技术相结合，可以为区块链应用提供更加智能化和更为友好的用户交互方式。例如，可以利用

ChatGPT 开发智能聊天机器人或语音助手，用于区块链应用的语音交互界面；又或者是将其用于自动生成投票结果和区块链其他数据的自然语言摘要，使用户更容易理解和跟踪选举以及其他投票过程的结果，还可用于生成基于区块链数据的自然语言预测和见解，为用户提供更容易的访问，以及区块链数据的文本分析与理解，从而提供更好的数据分析与决策分析，等等。

（二）重塑内容生产方式

以数字内容为对象，针对以下四个问题，就可以看出互联网发展模式的更迭，即谁创造了它？它属于谁？又是谁在管理、支配它？它创造的价值如何分配？ Web1.0 时代是“平台创造、平台所有、平台控制、平台受益”，Web2.0 时代是“用户创造、平台所有、平台控制、平台分配收益”，Web3.0 时代则是“用户创造、用户所有、用户控制、协议分配收益”。

从 Web1.0 到 Web2.0 再到 Web3.0，内容生产方式一直在改变，从专业生产内容到用户生产内容和专业生产内容相结合，再到利用人工智能自动生产内容，内容生产的门槛在逐渐降低。Web1.0 时代，门户网站中的数字内容均是由专业人士生产创造，而后用户通过静态网页浏览获取，内容产生的门槛高、周期长，限制了其大规模的应用发展。Web2.0 是一个用户自行创造的时代，在各大平台上发布分享，如抖音、微信、微博、小红书等。人人都与数字内容有关，或是创造者，或者传播者，各种文化现象、文化事件也层出不穷，数不尽的用户为互联网带来了大量的数字内容，是一个数量泛滥但质量参差不齐的时代。当进入 Web3.0 时代，可以想象得到，随着人工智能技术的迅速发展，如生成对抗网络 GAN、预训练大模型等，以 ChatGPT 为代表的 AIGC 的兴起，内容生产门槛持续降低的同时，生产效率也会呈现出指数级的提高，会有数不清的高质量文本、图片、语音、视频等出现。而准确、稳定并且正向的内容正是目前 Web3.0 所急需的。

从 ChatGPT 的迅速走红不难看出，首先，它改变了人类在内容生产时的角色。不论是 Web1.0 还是 Web2.0，是专业人士还是普通用户，内容的生产都是人类亲力亲为，从最初的灵感到最后的内容落地，极少有机器的影子。但是在 Web3.0 广阔的世界里，如果仅靠专业人士生产内容是远远不够的，数量单薄且速度缓慢，ChatGPT 在内容输出上的效率和稳定性是有目共睹的，无论是画面呈现还是沟通效率，都远超个人。以 ChatGPT 为代表的 AIGC 能将人从大量制式化的内容生产中解放出来，以人工智能辅助人类，甚至替代人类进行内容生产，打破人类在创作效率和质量上的局限性，创造出有独特价值和独立视角的内容。虽然当下还无法保证其内容质量，但是我们相信，随着技术的发展，算法的不断优化，ChatGPT 的创作效率、内容的多样性以及内容质量必然都能够得到大幅提升，未来或可完全替代大部分的人类创作工作，成为 Web3.0 内容生产的主流。

其次，ChatGPT 或可充当“新鲜的视角”弥补创造力的不足，赋予人类更多的灵感以推动创新。因为它基本上是在整个互联网上被训练的，涉及各种各样的领域，也许它能在不同的领域之间进行推断，从而创造出爆炸组合，带来全新的视角。又或者给人类以启发。虽然 ChatGPT 的灵感力量在任何领域或行业都是可以改变游戏规则的，但它对Web3.0的潜在构建者来说尤其强大。从根本上讲，Web3.0仍然是一个新生的领域，需要大量的新思想、新模型和新概念来推动它走向成熟和大规模采用。在这个早期阶段，因为没有固定的成功公式，所以这个行业的每一个实验和想法都很重要。Web3.0的独特之处在于，该领域为这种实验性创新提供了巨大的经济激励，如赠款和黑客马拉松奖励。因此，ChatGPT可以潜在地成为一个巨大的催化剂，让人们发现和探索新的项目方向，提供一个灵感来源，来启动颠覆性创新的飞轮。

最后，它改变了互联网的交互模式。Web3.0一直致力于往精准化、智能化、泛在化的方向转变，使用户可以实现物理空间、信息空间的沉浸体验，即沉浸式传播。而以ChatGPT为代表的AIGC技术因为其能支持多模态（文本、音频、视频等）的内容生成，实现听、看的感官自然交互，再加上物联网技术，即可为用户带来视觉、听觉、触觉一体的感知上的“沉浸感”，不仅简化了交互方式，更有助于Web3.0中沉浸式网络传播模式的实现。另外，目前的信息互联网是通过标准机器语言把信息组织起来，虽然在浏览器界面上以人类自然语言展示，但底层仍是机器语言，浏览器并不理解网页内容的真正含义。但是随着以ChatGPT为代表的AIGC等各种技术的迅猛发展，Web3.0时代的互联网不仅能够组合信息，而且还能像人类一样能读懂信息，并以类似人类的方式进行自主学习和知识推理，从而为人类提供更加准确可靠的信息，使人与互联网的交互更加自动化、智能化和人性化。

我们相信，AIGC给互联网带来的内容生产方式和用户交互方式的双重改变，必将成为Web3.0发展史中的重要里程碑。

（三）更好地了解 Web3.0

ChatGPT 在信息整理、归纳总结方面有着极为出色的表现，通过在训练过程中输入相关知识库中的信息，在使用时，当用户输入“触发词”相关的问题时，ChatGPT 可以根据训练的知识库信息提供相应的回答，完全可以胜任 Web3.0 时代的教育工作，尤其是像如 Web3.0 这样的一个融合了多学科和尖端技术的行业，它没有那么“接地气”，其教育培训问题尤为突出。例如，如果想在去中心化交易所上进行单笔交易，用户就必须先了解钱包、助记词、流动性池等。这些陌生的名词，限制了新用户们的进入，也是制约 Web3.0 大规模应用的主要瓶颈，但是借助于 ChatGPT 我们可以全方位地迅速掌握这些知识。

所以，我们完全可以把 ChatGPT 当作一个学习 Web3.0 基础知识，融入 Web3.0 世界的一个工具。当你在 ChatGPT 中输入“Web3.0”“区块链”“智能合约”“比特币”这些关键词的时候，它给出的答案质量是相当高的，不管是相关性还是准确性。

当然，有人会说网上有无数的资源——博客、视频、课程、游戏——旨在引导用户进入这个行业。但这一切都存在一个巨大的自我引导问题：我们从哪里开始？在谷歌搜索“什么是 Web3.0”会给我们一堆广告，然后是维基百科的一个页面，里面有术语。但是对于一个初学者来说，这些都没有任何意义。在找到我们能理解的东西之前，我们需要进行一堆额外的查询，点击一堆不同的链接。我们面临的问题不是网上的信息太少，而是信息太多了，如何有效地筛选、提炼、整合这些信息，一直都是个难题。ChatGPT 可以解决这个问题。它通过快速整合知识库里相关的信息，总结提炼出最符合我们需求的答案并呈现出来。整个过程会非常流畅、自然、舒适，可以省去我们在大量信息间来回穿梭、整理的时间。

从根本上说，这是因为像谷歌这样的搜索引擎是信息的聚合器和内容的索引器，而不是这些内容的生产者。简而言之，谷歌基本上是一个数字图书管理员。它不知道如何准确地回答我们的问题，只能将我们指向它认为有帮助的资源。如果谷歌策划的内容不符合我们的需求，那就太不幸了。即使谷歌收集了所有关于我们的个性化信息也无济于事：它所做的只是试图为我们指出它认为可能对我们更有帮助的更好的资源。另外，ChatGPT 在范式上是不同的：它是内容的原始生产者，而不是简单的内容搜索器。ChatGPT 不像图书管理员那样为我们指出资源，它更像一个导师或老师，试图教会我们这一切都意味着什么，并且是以我们要求它的方式呈现：通过给出类比，通过

图 5-2　Web1.0 时代，我们是信息的获取者。Web2.0 时代，我们是信息的参与者和传播者。Web3.0 时代，这一切都会被颠覆　图片来源：千图网

引导我们到适当的博客或资源，或通过写一首关于此主题的十四行诗。作为一个原创的内容创造者，ChatGPT 并不依赖于一个固定的语料库，而是根据用户的具体情况创建一个新的语料库。这就是为什么 ChatGPT 可以作为绝对初学者的有效一站式资料库。

当然，教育不仅仅是针对绝对初学者；对于任何想要了解 Web3.0 新视角的人来说，它是一个有用的工具，无论是学习 zk-SNARKs（零知识简洁非交互式知识论证）还是区块链之间的通信协议。由于 Web3.0 是一个多样化且具有技术挑战性的行业，所以总会有新的方面、想法和概念让我们眼花缭乱。这就是为什么在 Web3.0 中用户非常需要一个复杂的教育工具，比如 ChatGPT。目前，微软已经在自己的搜索引擎必应中嵌入 ChatGPT，谷歌也宣布将人工智能 Bard 嵌入谷歌搜索之中。Bard 背后依托的是谷歌自己开发的人工智能模型 LaMDA，和 ChatGPT 效果相似但不同。

（四）启迪 Web3.0 发展之路

ChatGPT 给 Web3.0 带来的除了生产力的提高，其本身的发展现象也给 Web3.0 带来了一些启示。首先就是“你能想到的，都能实现”。Web3.0 时常被用来描述一条最终通向人工智能的网络进化的道路，这个人工智能技术最终能以类似人类的方式思辨网络，虽然其所强调的自由、开放、共享等发展理念也符合大多数人的期待，但由于目前其概念大于实质，尤其在应用层面乏善可陈，相当一部分人认为 Web3.0 是不可企及的设想，是概念收割。ChatGPT 的出现，让我们看到了希望，曾经人工智能也被认为是空中楼阁，但是现在一切都不一样了，越来越多的人涌向了人工智能。而后是“科技创新必须以用户需求为导向”。科技创新需要理想主义，但用户更青睐实用主义。毕竟在现实生活中，用户只需要知道产品有没有用，好不好用，能不能为他的生活带来便捷，至于其背后的技术逻辑，和他又有什么关系呢。只有保持倾听用户声音，以用户需求为导向，提供有用并且好用的产品或服务，并在用户反馈中持续优化，才能让科技转换为真正的生产力。如同谷歌搜索之于 Web2.0、ChatGPT 之于人工智能一样，Web3.0 也需要一个能真正落地的超级应用，现阶段，我们需要打造更多用户可感知和可使用的产品与服务。只有找到真实的用户痛点并用简单方式予以解决，并持续降低用户进入 Web3.0 世界的门槛，才能让 Web3.0 服务触手可及。我们期待着 Web3.0 的到来，它会给人们的生活带来什么样的改变？是不是如当初所设想的更加公平、更加安全、更为开放的互联网新世界？

三、Web3.0 时代 ChatGPT 将持续进化

Web3.0 是一种使用区块链技术的新型网络，它将智能合约、网络和用户结合起来，在这种新型网络中，用户可以拥有更大的控制权和安全性。ChatGPT 是一个基于自然语言处理和机器学习的人工智能聊天机器人，它可以为用户提供丰富的聊天体验，并帮助他们解决日常问题。在 Web3.0 世界中，ChatGPT 将有机会发挥更大的影响力，能够更容易地创建、共享和分发内容，并且可以获得更多的机会，从而推动社会的发展，也可以借助区块链技术来创建安全和可信的网络环境，从而让世界更加开放、连接和透明。

（一）解决 ChatGPT 的隐私和安全问题

未来 ChatGPT 在应用时必然是面向终端消费者的，想要让它提供更好的服务，那就必须给它更多的训练数据，那么在获取大量人工智能训练数据时就会涉及隐私性问题，目前个人数据和隐私被监管得越来越严密，获取成本也越来越高，而且随时还有法律风险。若通过 Web3.0 平台激励用户提供数据的同时又能让用户的隐私和数据所有权得以保护，这是一个两全其美的模式。一方面，Web3.0 中的区块链技术可以用来提供安全和可验证的数据存储与交易，另一方面，安全的数据共享意味着更多的数据和更多的训练数据，然后就会有更好的模型、更好的行动、更好的结果以及更好的新数据。

此外，Web3.0 通过智能合约功能，可以在用户与服务器之间架设安全的桥梁，提供的安全的网络环境可以帮助用户有效地保护自己的隐私，从而让用户可以安全地进行聊天。而 ChatGPT 则可以将机器学习和自然语言处理的技术用于安全的聊天环境中，这两种技术结合起来可以有效地提升用户的安全性。

当然，Web3.0 与 ChatGPT 结合起来还可以为用户提供更多的服务。例如，通过结合 ChatGPT 可以为用户提供多语言支持，用户能够和聊天机器人用不同的语言进行交流，畅通人机交互渠道。另外，聊天机器人可以及时回答用户的问题，解决用户的实时需求，让沟通更加方便快捷，为用户带来更真实、更体贴的高质量服务。而 Web3.0 的智能合约功能则可以帮助用户更容易地完成特定任务，比如支付款项等。用户也可以自动执行某些算法，更加安全可靠地完成交易。

目前，Web3.0 和 ChatGPT 这两种技术已经被越来越多的企业和开发者采用，它们结合起来构建出一种新的网络，这种网络的特点是能够提供更加安全、可信、可扩展、可操作的应用程序和服务。

（二）促进 ChatGPT 的预训练或微调

从技术而言，尽管 ChatGPT 实现了人工智能的通用性和高交互性，但其终究未能具备可思考的引申能力，仍需要借助人类反馈的人类强化反馈学习进行训练与识别，对于日常内容，以共生为关联和标准对模型训练会产生虚假关联和东拼西凑的合成结果，除了偶尔会一本正经地胡说八道外，在众多专业级别的领域如医疗、天文等 ChatGPT 也无法产生适当的回答。基于此，预训练和微调对于 ChatGPT 是十分必要的。简单来说，就是在人工智能本身的基础上，再给它一些独特的、专属的材料，从而把它训练成一个专属的人工智能，让它能够回答一些更具针对性的问题，满足人们独特的需求。这个方法看似简单，其实不然，它是一个非常复杂的过程，大多数组织无法满足预训练或微调基础模型的计算要求，但是区块链等去中心化计算网络可以实现可扩展的计算经济，从而促进 ChatGPT 等模型的预训练或微调，这正是 Web3.0 平台可以为 ChatGPT 等模型作出贡献的另一个方面。

（三）打造未来的 AIGC 管理模式

以 ChatGPT 为代表的 AIGC 作为一种生产力工具，在创作效率方面是有目共睹的，尤其是对于艺术、影视、广告、游戏、编程等创意行业来说，不仅可以辅助从业者进行日常工作，并且在捕捉灵感方面，也有可能帮助他们创造出更多惊艳的作品。与此同时，它的低成本和高质量也是大规模生产发展的有利条件。但是在其高产又高质量的同时，商业运用也面临着诸多问题。一是作品权属难界定。有关著作权的法律规定，作者只能是自然人、法人或非法人组织。那么 AIGC 创作的主体是人工智能技术本身，并不具备满足“作者”的属性特征。如若各平台利用 AIGC 生成各类图片、文字等内容，产生商业纠纷或追责，那么出面协调和承担的对象究竟是平台、开源者，还是生成者呢？因此，各大 Web3.0 平台在引入 AIGC 概念时都十分谨慎，开发者对 AIGC 的探索也成了现实笼罩下的“困兽之斗”。二是内容生产泛化。AIGC 模型具有一定的局限性，大多数生成的内容距离商用标准还有不小的差距。换言之，技术生产内容实现商业变现，最终是需要学习不同行业的专业知识、制定符合不同类别的内容产出模式。目前，ChatGPT 虽说可以帮助人们完成改论文、敲代码、写文案等任务，但这些工具性辅助生成的内容都相对具有“普适性”，一旦涉及不同行业精深内容，仍然需要人工力量进行研判思辨。三是技术框架难信任。它不像 web3.0 中的区块链技术那样，以透明性、可溯源的特征成为人们信赖的理由，也因为高度去中心化实现了项目平台开发者、商业投资者、用户三者之间稳定的信任关系，促进各类资产交易、项目合作达成。它是源于一种“工具化”的技术思维，依赖于各自投放的平台，并且对于信息保密、责任确权等方面尚未形成完善的框架体系。目前，大多数用户都是基于好奇心驱使，使用 AIGC 产品进行个人生活、工作、决策辅助，并不是基于信任去使用。

上述这些问题都是以 ChatGPT 为代表的 AIGC 发展时所面临

图 5-3　未来，聊天机器人或许会越来越多地走进人类的日常生活、工作，其最主要的应用场景，很可能是代替传统的搜索引擎　图片来源：千图网

的困境，借力于 Web3.0，发挥其基础设施的作用，或能为 AIGC 解困。例如，将去中心化自治组织注入 AIGC 模型，或许就能为 AIGC 设计一套可参考管理的运行模式。参与者通过部署在区块链上的一套能够自动执行且不可篡改的规则实现去中心化自治。另外，多方利益角色形成的去中心化自治组织模型，也能适用于 AIGC 的平台管理。将创作者、原创艺术品所有者、AIGC 运营商、区块链验证者放入四个角色板块，其中创作者产生的收益可以分配给其他三位参与者，收益份额由常规投票权决定。在这一模式中，商业价值来自创作者，并分配给原始艺术品所有者、AIGC 运营商和区块链，这些参与者都可以通过 Web3.0 集成到一个去中心化自治组织中，让 AIGC 的使用与沟通更加便捷、高效。

（四）更多的可能性

ChatGPT 可接入 Web3.0 游戏，用于 NPC（非玩家角色）对话系统等；例如，Web3.0 游戏开发商 Webaverse 此前已尝试为游戏中的 NPC 接入 OpenAI 的 GPT-3 模型，相比于传统的 NPC，这些 NPC 会更智能，除了解答游戏中的疑问，它们还可以回答有关现实世界中的一些简单问题。而除了 NPC，GPT 模型还可以为游戏作更多的贡献，包括生成角色、故事、艺术等，增添游戏的趣味性与可玩性。

如果将以 ChatGPT 为代表的 AIGC 智能工具与数字人结合，将彻底改变人类与计算机的交互方式，使虚拟世界中的数字人对话更真实、更贴近人类，具有记忆和实现连续对话的能力；通过大量人工智能模型训练后数字人将提供更准确、更有价值的信息，帮助用户有效地解决问题。

以上这一切可能还只是 ChatGPT+Web3.0 的开始，来自谷歌 DeepMind 的弗雷德里克·贝斯（Frederic Besse）以及乔纳斯·德格雷夫（Jonas Degrave）还提出了在 ChatGPT 中运行整个虚拟机的想法。

当将 Web3.0 和 ChatGPT 结合起来时，会得到一个强大的组合，它重新定义了人们思考和使用技术的方式。也许 Web3.0 可以为开发人员和用户创建一个开放平台，允许进行更具创造性的实验和控制数据。通过集成 ChatGPT，用户可以将其用于自己的项目，比以往任何时候都更好地利用自然语言处理技术。例如，使用 Web3.0 和 ChatGPT，用户可以创建一个聊天机器人，它可以提供客服、文法、咨询等服务，处理客户查询、提供产品信息、接受订单，帮助安排日程，并通过区块链技术确保数据安全和可查询性。假如你正在制订假期计划并且预算有限，那么可以借助 Web3.0 和 ChatGPT 整理所有这些信息，并根据你的个人资料和偏好生成量身定制的建议，从而节省你的工作时间。还可以使用 Web3.0 和 ChatGPT 创建一个人工智能驱动的搜索引擎，它可以为任何查询提供最相关的结果，可能性仅限于用户的创造力。

第六章

ChatGPT 与内容时代

ChatGPT 如何实现内容产生方式变革，它会不会取代人类文明?

ChatGPT 在全球范围内引起轰动，从表面上看是因为它能跟人“聊天”，能够根据聊天对象提出的要求，进行文字翻译、文案撰写、代码撰写等。但是，真正让一众互联网巨头纷纷入局的理由，是它能够通过学习和理解人类语言来进行对话，它是一个“以自然语言为界面”的机器人，实现智能化的内容生成。人工智能的自然语言操作系统已初见雏形，人工智能驱动的产业变革也即将拉开新一轮的序幕。在内容产业横行的时代，ChatGPT 掀起了一场革命。

一、内容驱动的商业模式

内容驱动的商业模式是以内容为核心的商业模式，它将内容作为商业活动的核心，以满足用户的需求，从而获得收益。内容驱动的商业模式可以帮助企业更好地把握用户的需求，提高用户体验，从而获得更多的收益。内容驱动的商业模式还可以利用 ChatGPT 技术，更快更准确地生成内容，从而提高效率和质量。

（一）内容产业是什么？

内容产业是指通过文化、艺术和娱乐等领域的创作、制作、发布和交流，创造经济和社会价值的产业。它是文化产业、娱乐产业、数字内容产业等多个子领域的集合，是一个涵盖面广、产业链长、创意性强的新型产业形态。在数字化和网络化的时代，内容产业在经济增长和文化发展中扮演着越来越重要的角色。

内容产业是以文化、艺术、娱乐等为核心内容，以信息和知识为载体，以数字化技术和互联网为基础，以市场需求和用户体验为导向的一类产业。它包括多个子领域，如文化创意、数字内容、广播电视、出版、游戏、音乐、电影、动漫等产业。这些子领域中，文化创意产业是最为广义的概念，它包括所有能够以文化和艺术为核心内容进行创作、生产、发行、交流、消费的产业。数字内容产业则是文化创意产业中的一个子领域，主要是指以数字化媒介和互联网技术为基础，以数字化的文化、艺术和娱乐内容为主要生产和交流对象的产业。广播电视、出版、游戏、音乐、电影、动漫等产业则是传统内容产业的代表，它们依靠传统媒介和技术进行创作、制作和发布，但也正在逐渐向数字化和互联网化转型。

在创意性方面，内容产业的核心是文化、艺术和娱乐内容的创作和制作，它的成功一是离不开创意的支持。因此，内容产业的特点之一就是创意性强，它需要有才华的创作者和有创意的创作模式。二是在市场需求驱动上，内容产业是以市场需求为导向的产业，市场需求的变化会直接影响到内容产业的发展和生产模式。内容产业需要对市场需求进行深入了解和分析，及时调整和改进产品和服务。三是在产业链上，内容产业是一个产业链长、涉及多个环节的产业。从创意、制作、发行到营销，每个环节都需要高素质的专业人才和技术支持。产业链上的每个环节都需要协同合作，形成完整的价值链。四是在数字化和网络化上，数字化和互联网技术是内容产业的基础，也是它发展的重要动力。数字化和网络化为内容产业提供了更广阔的发展空间，同时也改变了人们获取和消费文化、艺术以及娱乐内容的方式。五是在跨界融合上，内容产业是一个涵盖面广的产业，它不仅涉及文化、艺术和娱乐领域，还涉及科技、教育、旅游、体育等多个领域。内容产业与其他产业之间的融合和协同合作将成为未来的重要趋势。因此，内容产业具有创意性强、市场需求驱动、产业链长、数字化网络化、跨界融合几个方面特点。

内容产业的发展历程可以分为三个阶段：一是传统媒介时代（20 世纪初至 20 世纪末）。在这个阶段，内容产业主要依靠传统媒介和技术进行创作、制作与发布。广播、电视、出版、音乐、影视等传统媒介成为内容产业的代表。这个时期内容产业的发展受到技术和制度的限制，生产和传播渠道比较有限，市场也相对封闭。二是数字化时代（21 世纪初至今）。随着互联网的普及和数字化技术的发展，内容产业进入了一个全新的发展阶段。数字化技术使文化、艺术和娱乐内容得以更广泛地传播和消费，互联网为内容的交流和共享提供了便利。数字内容产业、网络文化产业、游戏产业等新兴产业迅速崛起，成为内容产业的新引擎。数字化时代的内容产业以内容创作和用户体验为核心，创意性和市场导向成为内容产业的两个重要特征。三是多元化和融合时代（当前及未来）。随着数字化技术和互联网的不断发展，内容产业将进入更多元化和融合的发展阶段。传统内容产业和数字内容产业的融合将成为未来的重要趋势，不同领域的内容产业也将逐渐相互渗透和融合。例如，虚拟现实、增强现实等技术与游戏、电影、音乐等领域的融合以及内容产业与科技、教育、旅游、体育等领域的跨界合作和融合等。

目前，内容产业已经成为全球经济增长和文化发展的重要引擎，成为各国政府重点扶持的产业之一。根据文化和旅游部发布的数据，截至 2022 年底，全国规模以上文化及相关产业实现营业收入 12.2 万亿元，占 GDP 的 10%。数字内容产业、游戏产业等新兴产业成为我国文化产业的新增长点。同时，全球范围内的内容产业也在不断壮大和发展，产业规模和市场规模都在逐年扩大。然而，内容产业也面临着一些挑战和问题。其中，内容盗版、版权保护不力、文化输出不足等问题是内容产业的瓶颈和制约因素之一。此外，内容产业也存在着创作难度和成本高、市场竞争激烈、市场碎片化等问题。

未来内容产业的发展趋势还将向着多元化、数字化、全球化等方面发展。一是未来内容产业将更多元化、更融合。各种内容形式将会交叉融合，包括音乐、影视、游戏、文学、艺术等。内容形式的多元化也将推动不同领域内容的交流和融合，例如，内容产业与科技、教育、旅游、体育等领域的跨界合作和融合。二是在数字化和智能化方面，内容产业也将越来越注重数字化和智能化的发展。通过大数据技术，内容产业可以更加准确地了解用户需求，优化内容生产和推广策略。同时，人工智能技术的应用也将为内容创作和消费提供更加智能化的体验，例如，基于人工智能技术的语音合成、自然语言处理、图像识别等。三是跨平台和全球化也将是内容产业的重要趋势，互联网和数字技术的发展使内容的传播和交流已经没有了地域和平台的限制，内容产业将更加全球化和国际化。同时，各大互联网平台也将通过跨平台合作和整合，为用户提供更加丰富和便利的内容体验。四是内容产业将越来越注重个性化和定制化的发展。随着用户需求和消费习惯的变化，内容产业需要更加注重用户需求的个性化和差异化，为用户提供更加个性化的内容体验。同时，内容产业也将更多地采用定制化的生产模式，根据用户需求和偏好，提供定制化的内容服务。五是内容产业需要更加注重绿色化和可持续化的发展。随着环境保护意识的提高，内容产业需要采用更加环保和可持续的生产与消费模式，减少对环境的污染和损害。同时，内容产业也需要注重文化的传承和创新，为社会和人类文明的可持续发展作出贡献。

我国许多互联网公司和科技企业开始逐步进入内容产业，并将数字技术应用于内容的创作、生产、传播和消费。例如，腾讯、阿里巴巴、华为、百度等大型科技公司都在内容领域布局，并推出了一系列内容产品和服务。同时，一些互联网平台，例如，微博、抖音、快手、哔哩哔哩（B 站）等，也成为中国内容产业的重要力量，他们通过数字化技术，为用户提供更加丰富、多样化、个性化的内容体验。一些新的数字化产业也在逐渐崛起，例如，游戏产业、网络文学、音乐产业、短视频产业等，这些数字化产业也为中国内容产业的发展带来了新的动力。我国政府也在积极推动内容产业的发展，出台了一系列政策措施，以支持内容产业的创新和发展。例如，国家推出了明确支持文化和旅游融合发展的政策和措施。此外，国家也推出了一系列文化产业和数字产业发展的支持政策，鼓励和支持创新、创意和创业。为了规范内容产业市场，我国政府也制定了一系列相关的法律法规，例如，《中华人民共和国网络安全法》《互联网信息服务管理办法》《音像制品管理条例》等，加强了对内容产业的监管和管理。

（二）经营内容的商业模式有哪些？

经营内容已经成为现代商业中非常重要的一部分。在这个数字化时代，内容已经成为人们获取信息和娱乐的主要来源。越来越多的公司开始意识到内容的重要性，并将其作为营销和品牌建设的核心。经营内容的商业模式主要包括广告、赞助、订阅、付费内容、联合营销、会员等。

广告模式是我们常见的经营内容商业模式，它通过向读者展示广告来赚取收入。这种模式广泛应用于在线内容，如博客、社交媒体、新闻网站等。在这种模式中，广告主通常会向网站支付费用，以在其网站上展示广告。这些广告可能是图像、文字或视频广告，根据点击量或展示量付费。广告模式的优点在于它可以吸引大量的流量，并提供一种比其他商业模式更为简单的收入来源。然而，广告模式的缺点在于广告对用户的体验有时可能会造成干扰，特别是对于过于密集或冗长的广告。此外，由于广告主需要投入大量的广告费用，他们可能会对广告的效果和收益有严格的要求。

赞助模式要求一个或多个赞助商为特定的内容提供资金支持。这种模式通常在体育赛事、音乐会和文化活动中使用。在这种模式中，赞助商可以为内容提供者提供资金支持，并获得品牌曝光和推广机会。赞助模式的优点在于它可以为内容提供者提供稳定的资金来源，并为赞助商提供品牌曝光和市场推广机会。此外，赞助模式还可以帮助内容提供者更好地了解其受众，以便更好地制定营销和发展策略。赞助模式的缺点在于它可能会使内容受到赞助商的影响和控制，这可能会降低内容的质量和可信度。此外，赞助模式还需要内容提供者花费大量的时间和资源来协调与管理赞助商的利益和目标。

订阅模式可以为内容提供者提供稳定的收入来源。在这种模式中，用户需要支付一定的费用才能获得对某个特定内容的访问权。这种模式通常在在线新闻、音乐和视频流媒体服务中使用。订阅模式的优点在于它提供了可靠的收入来源，可以鼓励内容提供者制作更高质量的内容。此外，订阅模式还可以帮助内容提供者更好地了解其受众，以便更好地制定营销和发展策略。订阅模式的缺点在于它需要用户每月支付一定的费用，这可能会使一些用户望而却步。此外，订阅模式可能会限制用户在网站上的活动范围，这可能会减少网站的流量。

联合营销模式是将多个公司或个人的资源和品牌合并在一起，以共同推广某个内容或活动。这种模式通常在跨行业、跨品牌或跨领域的项目中使用。在这种模式中，不同的公司或个人可以共享受众、品牌知名度和营销资源，以推广其共同的目标。联合营销模式的优点在于它可以为不同的公司或个人提供共同的品牌曝光和受众。此外，联合营销模式还可以为各方提供更大的资金来源和资源共享，以推动更高质量的内容和更广泛的市场推广。此外，联合营销模式还可以增加公司和个人之间的互动和合作，以促进创新和创造力。联合营销模式的缺点在于，合作伙伴之间可能会存在分歧和冲突，导致项目失败。此外，联合营销模式还需要大量的资源和时间来协调与管理各方的利益及目标。

会员模式要求用户支付订阅费或会员费来访问特定的内容。这种模式通常在新闻网站、音乐流媒体平台和在线学习平台中使用。在这种模式中，内容提供者可以提供独家内容和服务，并为会员提供更好的体验和优惠。会员模式的优点在于它可以为内容提供者提供稳定的收入来源，并为会员提供更好的体验和服务。此外，会员模式还可以帮助内容提供者更好地了解其受众，以便更好地制定营销和发展策略。会员模式的缺点在于它可能会限制用户的访问和体验，并可能会使一些用户选择其他免费或更便宜的替代品。此外，会员模式还需要内容提供者花费大量的时间和资源来开发与维护独家内容及服务。

（三）内容时代的产业特征

随着信息技术的迅猛发展，我们正逐渐进入一个全新的时代——内容时代。在这个时代中，内容成为一个产业，并且呈现出一系列独有的特征。内容时代的产业特征包括创新、碎片化、互动性和数据驱动几个方面。其中，创新对于内容产业的发展至关重要。内容创新是内容产业的核心，因此在内容时代，创新表现为新的内容形式、新的内容呈现方式、新的内容营销手段等。这些创新可以通过技术、思想、创意等方面实现。例如，随着虚拟现实技术的发展，越来越多的内容创作者开始尝试使用虚拟现实技术创作内容，使观众可以身临其境地体验内容，这是一个全新的创新。碎片化是当前内容产业非常典型的特征。传统的媒体形式，如电视、广播、报纸等，通常是以固定的时段为单位，呈现出一整段连续的内容。但是，在内容时代，随着移动设备和社交媒体的普及，人们的阅读、观看行为变得更加碎片化。人们在地铁、公交车上，或者在等待朋友时，会随手拿起手机看看微信朋友圈或者快手短视频，这些都是碎片化的观看行为。因此，内容时代的内容制作需要更加注重碎片化的呈现方式，如短视频、短篇小说、微信公众号等。互动性是内容产业的非常重要的特征。传统媒体通常是一种单向的信息传递方式，即内容制作者将信息传递给受众。但在内容时代，随着社交媒体和直播的兴起，内容创作者和受众之间的互动变得更加频繁和自由。例如，在直播中，观众可以和主播实时互动，提出问题、评论、点赞等。这种互动性增强了受众对内容的参与度和黏性，也

图 6-1　随着我国数字经济的发展，网络直播带货正成为一种新潮流。图为山东省青岛市渔民直播助销海鲜产品　图片来源：中新图片 / 韩加君

使内容产业更加活跃。内容时代的产业特征还有数据驱动。在传统媒体时代，内容制作往往基于创作者的经验和想象，而在内容时代，随着大数据技术的应用，内容制作开始向数据驱动的方向转变。数据分析可以帮助内容制作者了解受众的需求和兴趣，以此来制定更加精准的内容策略。例如，利用搜索引擎数据和社交媒体数据来分析用户的搜索与浏览行为，从而制定更加精准的关键词和话题策略；利用数据分析工具来评估内容的流量、转化率、互动率等指标，以此来调整内容创作策略和优化营销效果。

内容时代的产业特征在一定程度上反映了内容产业的发展趋势和变化，也提出了更高的要求和挑战。在内容时代，内容制作者需要不断地创新和更新，适应用户碎片化的观看习惯，提高互动性和用户参与度，同时也需要掌握数据分析和应用，不断优化和改进内容创作与营销策略，以此来更好地适应内容时代的产业特征和需求。

二、ChatGPT 的内容产生方式

作为一个大型语言模型，ChatGPT 是通过深度学习算法进行训练的，利用巨大的数据集进行预训练和微调。在预训练阶段，ChatGPT 被暴露于海量的文本数据中，学习了各种语言的语法、语义、上下文和知识。具体来说，ChatGPT 使用了 Transformer 的神经网络架构，通过自监督学习来构建语言表示。在微调阶段，ChatGPT 被暴露于特定的任务中，如回答问题、翻译、摘要生成等。这个阶段的目的是让 ChatGPT 能够更好地适应特定的应用场

景，以提供更加准确和有用的回答。当有用户输入问题或指令时，ChatGPT 会通过自然语言理解技术将其转化为机器可理解的形式。

（一）ChatGPT 对内容产生方式的变革

随着社交媒体、视频分享平台、博客等网络平台的快速发展，内容创造成为一项热门行业。内容创造者通过多种方式生产和分发各种类型的内容，包括文字、图像、视频、音频等，以吸引用户的注意力并获得收益。然而，随着人工智能技术的不断发展，内容的产生方式正在经历革命性的变化。人工智能技术是一种可以模拟人类智力的计算机系统，包括自然语言处理、机器学习、图像识别和语音识别等技术。这些技术使计算机可以对大量数据进行处理、分

图 6-2　短视频的出现最初源于传统门户和网络视频分享网站，随着社交网络迅速发展，以更直接的传播优势使用户量增长明显。图为字节跳动短视频社交平台抖音海外版 TikTok 标识　图片来源：中新图片 / 陈玉宇

析和理解，以实现各种任务。在内容创造领域，人工智能技术可以用来辅助内容的产生、编辑和分发。

首先，ChatGPT 可以产生更多、更快速的内容，可以自动生成各种类型的内容，例如，自动摘要、自动生成新闻、自动生成文章等。这些技术不仅可以大量减少人工劳动，同时还能提高内容的生产速度。内容创作者可以使用 ChatGPT 更快速地生成更多的内容，以满足读者的需求。ChatGPT 还可以使大量重复性的内容生产更加容易和快捷，例如，商品描述、新闻稿等。其次，ChatGPT 可以提高内容的质量和准确性。ChatGPT 可以自动校验文本的语法和语义，以检查文章是否符合规范。通过自然语言处理技术，计算机可以自动分析文章的主题、关键词和结构等信息，以提高文章的质量和可读性。ChatGPT 还可以自动化翻译、自动生成图表和插图，以提高文章的准确性和可视化效果。此外，ChatGPT 可以实现个性化内容的生产。ChatGPT 可以分析用户的行为和兴趣，以生成个性化的内容。例如，当用户在网站上浏览商品时，ChatGPT 可以分析其浏览记录和购买历史，以向其推荐相关的商品和内容。这种方式可以提高用户的满意度，并增加内容创作者的收益。同时，ChatGPT 可以降低内容产生成本。ChatGPT 可以减少人力资源的使用，节省时间和成本。例如，自动生成文章可以减少作者的写作时间，同时也可以减少稿费的支出。此外，自动化的翻译和图表生成也可以降低翻译和设计的成本。内容类型上，ChatGPT 可以生产丰富多样的各种类型的内容，例如，文字、图像、视频、音频等。这种多样性可以满足不同用户的需求和口味，并为内容创作者提供更多的创作方式。最后，ChatGPT 会挑战内容创作者的创作能力。ChatGPT 虽然可以帮助内容创作者生成大量高质量的内容，但同时也存在一些挑战。自动生成的内容缺乏原创性和个性化，可能会导致内容的同质化和缺乏创意。自动化的内容生成也可能降低内容创作者的技能水平和创作热情，使他们更加依赖机器生成的内容。

（二）ChatGPT 对内容运营模式的影响

ChatGPT 的出现，同样带来了对内容运营模式的影响。传统的内容运营模式，往往需要投入大量的人力、物力和时间，从而获得更多的用户和粉丝。而 ChatGPT 的出现，可以提高内容产生的效率和质量，从而为内容运营带来更多的机会。

ChatGPT 是一种基于自然语言理解的人工智能技术，可以理解用户的语言，并进行相应的回答。这使 ChatGPT 在内容运营中扮演了一个重要的角色，可以增强用户与内容之间的交互性。例如，在内容运营中，ChatGPT 可以用来回答用户的问题、提供相关的信息和建议、推荐相关的内容等。这些交互性的增强不仅可以提高用户的满意度和参与度，还可以增加用户对内容的黏性，促进内容的传播和推广。一是 ChatGPT 可以根据用户的语言和兴趣，进行个性化的推荐和建议。这种个性化的推荐可以大大提高用户的体验和参与度，使用户更加愿意使用和分享内容。例如，在内容运营中，ChatGPT 可以根据用户的搜索历史、行为和兴趣，推荐相关的内容、产品或服务。这样可以让用户感到被关注和理解，提高用户的满意度和忠诚度。此外，ChatGPT 还可以根据用户的反馈和行为，不断调整和优化推荐策略，进一步提高个性化推荐的准确性和效果。二是 ChatGPT 可以用来自动生成一些内容，这可以大大提高内容生产的效率，减少人力和时间成本。例如，在新闻行业中，许多媒体公司已经开始使用自动生成新闻的技术，通过训练 ChatGPT 等模型，让其能够自动生成新闻报道，减轻记者的工作量，提高报道的速度和准确度。三是 ChatGPT 可以用来提供一些基础的客服服务，例如，回答用户的常见问题、提供产品或服务的相关信息、解决用户的问题等。这可以大大改善用户的服务体验，减少用户的等待时间和不满意度。例如，在电商行业中，许多企业已经开始使用 ChatGPT 来提供 24 小时在线客服服务，为用户提供及时的帮助和解决方案。这不仅可以提高用户的满意度和忠诚度，还可以减少企业的人力成本和服务质量问题。四是 ChatGPT 可以用来进行内容推广和营销，例如，通过自动生成一些优质的内容，或者在社交媒体上提供个性化的推荐和营销服务等。这可以大大提高内容的传播和推广效果，增加内容的曝光度和流量。例如，在社交媒体平台中，许多企业已经开始使用 ChatGPT 来进行个性化的推荐和营销服务，如通过自动回复、个性化推荐、自动生成评论等方式来提高内容的曝光度和传播效果。此外，ChatGPT 还可以帮助企业进行精准广告投放，例如，根据用户的搜索历史、行为和兴趣等进行广告投放，提高广告的点击率和转化率。五是 ChatGPT 可以用来促进知识共享和创新，例如，通过自动生成一些研究论文、技术报告、专利申请等内容，或者在知识管理平台上提供智能化的知识管理和交流服务等。这可以大大促进知识的共享和创新，提高企业的创新能力和竞争力。例如，在科技创新领域中，许多企业已经开始使用 ChatGPT 来自动生成一些技术报告、研究论文等，以便更好地进行技术交流和创新研究。这不仅可以提高研究效率和准确度，还可以促进技术的共享和创新。

（三）ChatGPT 对受众内容体验的提升

ChatGPT 的出现，不仅改变了内容产生方式和运营模式，也提升了受众的内容体验。在过去，受众往往需要花费大量的时间和精力寻找自己感兴趣的内容。借助于 ChatGPT 这种技术，我们可以更快地找到高质量、个性化和定制化的内容。

首先，ChatGPT 可以帮助受众更快地找到感兴趣的内容。借助于 ChatGPT 这种技术，我们可以根据受众的兴趣、需求和行为模式，生成更加个性化和定制化的内容。这样可以使受众更快地找到自己感兴趣的内容，从而提高内容的满意度和价值。其次，ChatGPT 可以帮助受众更好地理解和掌握信息。借助于 ChatGPT 这种技术，我们可以生成更加清晰、准确和易于理解的信息。这样可以使受众更好地理解和掌握信息，从而提高信息的质量和价值。最后，ChatGPT 可以帮助受众更好地与内容互动和参与。借助于 ChatGPT 这种技术，我们可以生成更加生动、有趣和互动性的内容。这样可以使受众更好地与内容互动和参与，从而提高内容的参与度和影响力。ChatGPT 的出现，改变了传统的内容产生方式和运营模式，也提升了受众的内容体验。ChatGPT 将会在未来的内容产业中发挥重要作用，为内容生产者和受众带来更多的机遇和价值。

三、ChatGPT 让内容走向无尽

ChatGPT 利用深度学习技术实现内容的联想，深度学习技术可以帮助 ChatGPT 自动学习用户的语言习惯，从而更好地联想出新的内容。ChatGPT 还可以根据用户提供的历史数据，自动生成新内容，

更好地模仿用户的语言习惯。

（一）ChatGPT 的内容联想能力

人类的大脑非常善于联想，这种能力使我们能够理解新的概念、从过去的经验中学习、发现新的联系以及创造新的想法。随着计算机技术的发展，机器学习算法和人工智能系统也能够实现类似的能力。ChatGPT 就是这样一种基于自然语言处理和深度学习算法的大型语言模型，它拥有非常强大的内容联想能力。根据我们前面对 ChatGPT 的了解，ChatGPT 在训练过程中从大量的文本数据中学习了单词、短语和句子之间的关系，以及它们在上下文中的含义。当我们向 ChatGPT 提供一段文字时，它可以根据先前的学习和训练，预测下一个单词或短语的可能性，并生成一段有意义的文本。

ChatGPT 如何实现内容联想呢？其实，这是由其内部的神经网络结构和训练数据所决定的。ChatGPT 可以通过对输入文本的理解，找到其中的语义和主题，并将其与先前学习到的知识和经验联系起来，从而生成具有连贯性和逻辑性的输出文本。例如，如果我们输入“今天天气很好”，ChatGPT 可以将其与先前学习到的“天气”“天气预报”“气温”等相关知识联系起来，进而生成“明天可能会下雨”或“我们可以去公园玩耍”的输出。ChatGPT 还可以从输入文本中学习和识别出一些常见的模式和结构，如人物关系、事件顺序、因果关系等。当我们输入一段对话或故事时，ChatGPT 可以理解其中的各种语义和情感，并自动生成一些可能的续集或解决方案。这就像我们在脑海中想象故事情节的发展，或者在谈话中根据对方的话题和情感，自然而然地转入新的话题。

ChatGPT 的内容联想能力还有一些其他的应用，如机器翻译、语音识别、信息检索等。通过将 ChatGPT 应用到这些场景中，我们可以更加自然地与计算机进行交互，快速地获得准确的答案和信息。例如，在机器翻译中，ChatGPT 可以根据源语言和目标语言之间的语义和语法关系，自动将一段文字从一种语言翻译成另一种语言，同时保持其意思和语法的连贯性。在语音识别中，ChatGPT 可以通过识别音频信号中的语音特征，自动将其转换成文本，并在理解语音的基础上生成相应的回应。在信息检索中，ChatGPT 可以根据用户输入的关键词和上下文，自动从大量的文本数据中筛选出最相关的信息。

ChatGPT 内容联想的内在机制也存在一些局限性和挑战。ChatGPT 的内容联想能力是基于先前的学习和训练的，它需要大量的训练数据和计算资源才能实现高质量的预测和生成。ChatGPT 可能会受到数据偏差和模型漂移的影响，导致其在新的场景和任务中表现不佳。ChatGPT 生成的文本也可能存在一些错误、不准确或不合理的问题，需要人类编辑和纠正。尽管存在这些挑战，但是随着技术的不断发展和应用场景的扩大，ChatGPT 的内容联想能力将会变得越来越强大和普及。它将成为人类与计算机之间交互的重要方式之一，帮助我们更好地理解世界，发现新的问题和解决方案，创造出更加智能和创新的应用。

（二）ChatGPT 的内容创造力

除了内容联想能力，ChatGPT 还具备内容创造的能力。这是由于 ChatGPT 可以根据给定的主题或关键词，生成具有一定创意性的文章、故事、新闻报道等内容。这种能力是基于 ChatGPT 对语言模式和结构的理解，以及对不同主题、情境和语境的理解而实现的。例如，ChatGPT 可以用于自动写作、创意生成、文本填充等场景。同时，ChatGPT 还可以生成类似于人类创造的内容，例如，诗歌、小说等，这些生成的内容也能够被人类读者所接受。

内容创造能力是指大型语言模型在生成新的文本内容方面所表现出来的能力。与传统的计算机程序只能按照人类预先设定的规则进行操作不同，大型语言模型通过学习大量的数据，掌握了一定的语言规律和人类思维方式，从而具备了生成新的文本内容的能力。内容创造能力的出现，可以为很多领域带来帮助，如自然语言生成、文本创作、广告文案撰写等。ChatGPT 的内容创造能力在闲聊场景下表现突出，它可以根据用户的提问，生成合理、自然的回答。例如，当用户询问“今天天气怎么样？”时，ChatGPT 会生成一个关于天气的回答:“今天的天气晴朗，气温适宜，是个出门的好天气。”除了闲聊，ChatGPT 还可以创作故事。例如，在给定一个开头之后，它可以自动生成一个完整的故事情节。例如，用户提供了一个开始:“一只小狗走在林间小道上。”ChatGPT 则会生成一个完整的故事情节，内容丰富、情节跌宕起伏。在文学创作领域，诗歌是一种高难度的文学形式，其要求语言高度优美、富有节奏感。ChatGPT 在诗歌创作方面的表现也非常优秀，它可以自动生成优美、流畅的古诗词、现代诗歌等。ChatGPT 可以根据用户提供的诗歌风格，自动生成相应风格的诗句，例如，“秋水澄澈见底，夕阳映照山峦，落叶翩翩起舞，鸟儿悠悠归巢”。

ChatGPT 在文章写作方面也表现出色，它可以根据给定的主题和要求，自动生成符合要求的文章。例如，一篇由 ChatGPT 生成的文章讲述了大数据技术在各个领域中的应用:“大数据技术是一种基于数据分析和处理的新型技术，其应用范围非常广泛。在商业领域，大数据技术可以用来分析客户需求、制定市场策略；在医疗领域，大数据技术可以用来研究疾病的发病机制、制订个性化治疗方案；在交通领域，大数据技术可以用来优化交通路线、提高交通效率。随着数据量的不断增加和技术的不断进步，大数据技术在未来的应用前景将更加广泛。”在电商平台上，好的产品描述可以吸引更多的用户关注和购买，而 ChatGPT 可以自动生成高质量的产品描述，以提高商品的销售量。例如，当用户提供了一个产品名称和基本信息之后，ChatGPT 可以生成一个详细的产品描述，包括产品特点、功能、适用场景等。然而，ChatGPT 的内容创造能力也存在一些限制。由于 ChatGPT 是通过学习已有的语言数据进行内容生成，因此其生成的内容往往缺乏创新性和想象力，难以达到人类创造的水平。ChatGPT 生成的内容可能会存在一定的语法错误或逻辑瑕疵，需要进行后期的编辑和校验。

（三）ChatGPT 能取代人类文明吗？

谷歌前高级资深研究员吴军的《谷歌方法论》提道，为什么计算机不是万能的？艾伦・图灵博士被认为是神一样的人，在 20 世纪全世界智力上可以和爱因斯坦平起平坐的人，只有艾伦・图灵和冯・诺依曼（John von Neumann）两个人。计算机的发展历史上，常人想问题的方式是先做一两个能解决简单问题的计算机，然后越做越复杂，实际上艾伦・图灵之前计算机的发展，就是沿袭这个思路进行的，这种思路称为工匠式的，也就是只经过长期的经验积累，从量变到达质变。而艾伦·图灵思考问题的方式和常人相反，在20世纪30年代中期，艾伦·图灵就在思考三个问题：世界上是否所有的数学问题都有明确的答案？如果有明确的答案，是否可以通过有限的步骤计算得到答案？如果有可能在有限步骤里计算出来，那么假想，一种机械让它不断运动，最后当机械停下来的时候，那个数学问题就解决了？总结一下人工智能的边界（这里我们可以认为是ChatGPT的边界）：人工智能所能解决的问题只是实际上问题的一小部分，对于人工智能来讲，现在世界上没有解决的问题太多，无论是人还是机器，都应该想办法解决各种问题，而不是杞人忧天，担心人工智能这个工具太强大。的的确确有很多的数学问题，上帝也不知道有没有答案，而且这样的问题比没有答案的还要多得多。艾伦·图灵猜测人的意识来自测不准原理，这是宇宙本身的规律。艾伦·图灵从此得出结论："计算是确定的，意识是不定的，两者不可能画等号。"

简而言之，世界上有很多问题，其中只有一小部分是数学问题；而在数学问题中，只有一小部分是有解的；在有解的问题中，只有部分是理想状态的计算机能解决的；而人工智能或者说ChatGPT可以解决的问题又是计算机可以解决问题的部分。ChatGPT能解决的问题都在其边界以内。人类和人工智能各有其优势，人类有无限的思维能力和创造力，人工智能有强大的算力和存储力，如果合理利用ChatGPT人工智能的优势来作为辅助，ChatGPT的语言处理能力和内容生成能力在某些领域可以得到广泛应用，但是它是否能够取代人类文明还存在很大的争议和讨论。从技术角度来看，ChatGPT

本质上只是一种基于机器学习的算法，它缺乏人类的情感和判断能力，也无法具备人类的智慧和创造力。ChatGPT 不可能完全取代人类文明，只能作为一种辅助工具或者服务于人类的工具。另外，人类文明不仅仅包括语言和文字，还包括各种文化、艺术、科技和社会制度等多个方面，这些都是人类创造和积累的历史遗产。虽然 ChatGPT 可以在某些方面取代人类的工作，但它无法替代人类文明的整体，因为人类文明具有多维度的复杂性和多样性，这是机器无法复制和替代的。ChatGPT 的使用也存在一些潜在的风险和挑战。例如，它可能被用于制造虚假信息、伪造文件和骗局等，也可能带来新的道德和隐私问题。因此，对 ChatGPT 的开发和使用需要进行相应的监管和控制，以保证其安全和可靠性。

ChatGPT

第七章

ChatGPT 与搜索引擎

ChatGPT 给传统搜索引擎带来哪些巨大挑战?

在当今人们的日常生活、学习、工作中，搜索引擎起着非常重要的作用，例如，当一个人需要购买手机时，第一反应都是去百度或谷歌上搜索手机型号、性能参数、售价等信息，可以说搜索引擎是信息时代人们重要的信息助手。ChatGPT 出现以后，人们欣喜地发现，相比于谷歌搜索抓取数十亿个网页内容编制索引，然后按照最相关的答案对其进行排名，包含链接列表来让你点击，ChatGPT 却直接基于它自己的搜索和信息综合给出单一答案，回复流程更加简便。ChatGPT 的出现使聊天界面式搜索引擎对传统的搜索方式提出了挑战。此外，ChatGPT 的问答机制、数据训练模型、知识搜索能力等，被认为为下一代搜索引擎技术的发展给出了新的发展思路。ChatGPT 与搜索引擎之间有什么区别和联系？ ChatGPT 能否改变搜索引擎的发展方向，甚至取代搜索引擎？本章将从传统搜索引擎技术、ChatGPT 与传统搜索引擎的区别、ChatGPT 会对搜索引擎产生改变的几个方面进行详细介绍。

一、搜索引擎及其技术架构

互联网上信息浩瀚万千，且毫无秩序，所有的信息像汪洋上的一个个小岛，网页链接是这些小岛之间纵横交错的桥梁，而搜索引擎为用户绘制了一幅一目了然的信息地图，供用户随时查阅。搜索引擎是互联网发展的最直接的产物，它可以帮助我们从海量的互联网资料中找到我们查询的内容，也是我们日常学习、工作和娱乐不可或缺的查询工具。到底什么是搜索引擎？搜索引擎有着怎样的技术架构？其工作原理是什么？

（一）什么是搜索引擎？

1990 年，由加拿大蒙特利尔麦吉尔大学的三名学生艾伦·埃姆蒂奇（Alan Emtage）、彼得·道奇（Peter Deutsch）、比尔·惠兰（Bill Wheelan）发明的 Archie（Archie FAQ）被视为搜索引擎的鼻祖。最初，艾伦·埃姆蒂奇等想到了开发一个可以用文件名查找文件的系统，于是便有了第一个搜索引擎——Archie。从此以后，搜索引擎开始走进人们的视野之中。现如今，几乎每个人上网都会使用搜索引擎，搜索引擎已成为人们学习、工作和生活中不可缺少的平台。所谓搜索引擎，是指根据一定的策略、运用特定的计算机程序从互联网上收集信息，在对信息进行组织和处理后，为用户提供检索服务，将用户检索的相关信息展示给用户的系统。简而言之，搜索引擎就是从互联网上收集信息，并为用户提供服务的软件系统。从使用者的角度看，搜索引擎提供一个包含搜索框的页面，在搜索框输入词语，通过浏览器提交给搜索引擎后，搜索引擎就会返回与用户输入的内容相关的信息列表。

搜索引擎可以说是伴随互联网的发展而产生和发展的，最初的 Archie 实际上是第一个自动索引互联网上匿名 FTP（文件传输协议）网站文件的程序，它和我们今天所使用的真正意义上的搜索引擎还有着很大差距。尽管如此，Archie 的诞生仍然有着跨时代的意义。Archie 有一个可搜索的 FTP 文件名列表，用户必须输入精确的文件名搜索，然后 Archie 会告诉用户哪一个 FTP 地址可以下载该文件。由于 Archie 一经推出就深受当时互联网用户的欢迎，受其启发，美国内华达州的系统计算机服务大学于 1993 年开发了一个 Gopher（Gopher FAQ）搜索工具 Veronica（Veronica FAQ），自此以后，搜索引擎不断发展完善，时至今日搜索引擎大致经历了四代的发展。

第一代搜索引擎——分类目录时代。分类目录时代的搜索引擎的特点在于它会最终将收集到的信息放在同一个网站中。该阶段搜索引擎会收集互联网上各个网站的站名、网址、内容提要等信息，并将它们分门别类地编排到一个网站中，用户可以在分类目录中逐级浏览并寻找相关的网站。1994 年 Lycos 诞生，它作为第一代真正基于互联网的搜索引擎，采用的就是以人工分类目录方式为主，代表厂商是雅虎，特点是人工分类存放网站的各种目录，用户通过多种方式寻找网站，现在也还有这种方式存在，搜狐目录、hao123 等就是典型的分类目录时代搜索引擎的代表。

第二代搜索引擎——文本检索时代。随着网络应用技术的发展，用户开始希望对内容进行查找，也就是利用关键字来查询，由此出现了第二代搜索引擎，一些早期的搜索引擎，如 AltaVista、

Excite 等都是这个时代的代表。在文本检索时代，搜索引擎建立在网页链接分析技术的基础上，能够覆盖互联网的大量网页内容，使用关键字对网页搜索，搜索引擎可以对用户输入的查询信息进行各种运算，分析网页的重要性后，进而判断其与目标网页内容相关程度的高低，并返回相关度高的网页给用户。

第三代搜索引擎——整合分析时代。随着网络信息的迅速膨胀，用户希望能快速并且准确地查找到自己所要的信息，搜索引擎进入了整合分析时代，因此出现了第三代搜索引擎。到了整合分析时代，搜索引擎会通过外部链接的数量来判断一个网站的流行性和重要性，然后再结合网页内容的重要性和相似程度来完善反馈信息的质量，最后还会将反馈回来的海量信息，智能整合成一个门户网站形式的界面，而不是像文本检索时代返回一个没有分类的链接清单。相比于前两代，第三代搜索引擎更加注重个性化、专业化、智能化，使用自动聚类、分类等人工智能技术，采用区域智能识别及内容分析技术，利用人工介入，实现技术和人工的完美结合，增强了搜索引擎的查询能力。最早使用这种整合分析的是谷歌，随之而来的是我国的百度，这些整合搜索引擎以其宽广的信息覆盖率和优秀的搜索性能为发展搜索引擎技术开创了崭新的局面。整合分析不仅使谷歌和百度等商业搜索引擎公司大获成功，引发了全新的互联网运营模式革新，还在当时引起了学术界和其他商业搜索引擎的极度关注。

第四代搜索引擎——用户中心时代。随着信息多元化的快速发展，用户就需要数据全面、更新及时、分类细致的搜索引擎，这种搜索引擎采用特征提取和文本智能化等策略。在这种情况下，相比于前三代搜索引擎，更准确有效的第四代搜索引擎出现，也就是我们今天说到的用户中心时代搜索引擎。以用户为中心就是当用户查询时，需要充分挖掘用户的深层次需求，实现精准化的用户定位和营销，例如，当搜索关键词“手机”时，对于不同职业和不同年龄段的用户来说，他们的需求是不同的。甚至同一个用户，也会因为时间和场合的不同而有不同的需求。而要通过用户输入的简短关键词来判断用户的真正需求，就需要搜索引擎能够真正了解用户。搜索引擎可以通过用户搜索时的大量特征，例如，上网的时间、操作习惯、搜索内容等，去逐渐勾勒用户的大致特征，例如，性别、年龄阶段、兴趣爱好等，这些数据就是搜索引擎进行“商业数据挖掘”的巨大宝藏。

（二）搜索引擎的类型

交互式搜索引擎、第三代搜索引擎、第四代搜索引擎、桌面搜索、地址栏搜索、本地搜索、个性化搜索引擎、专家型搜索引擎、购物搜索引擎、自然语言搜索引擎、新闻搜索引擎、MP3 搜索引擎、图片搜索引擎……现如今，各式各样的搜索引擎名称扑面而来，让人眼花缭乱。乱花渐欲迷人眼，在纷繁复杂的互联网世界中，如何尽快熟悉如此众多类型的搜索引擎，又如何利用各种搜索引擎作为网络营销工具呢？只有对搜索引擎的种类有一个比较清晰的认识，才能更好地认识到其内在运行原理，选择适合使用的搜索引擎类型。尽管搜索引擎有各种不同的表现形式和应用领域，但根据工作方式搜索引擎主要可以分为全文搜索引擎、目录索引。

全文检索引擎是指计算机索引程序通过扫描文章中的每一个词，对每一个词建立一个索引，指明该词在文章中出现的次数和位置，当用户查询时，检索程序就根据事先建立的索引进行查找，并将查找的结果反馈给用户的检索方式。这个过程类似于通过字典中的检索字表查字的过程。国内著名的全文搜索引擎有百度，国外则是谷歌。它们从互联网提取各个网站的信息（以网页的文字为主），建立起数据库，并能检索与用户查询条件相匹配的记录，按一定的排列顺序返回结果。全文检索主要分为按字检索和按词检索两种。按字检索是指对于文章中的每一个字都建立索引，检索时将词分解为字的组合。对于各种不同的语言而言，字有不同的含义，例如，英文中字与词实际上是合一的，而中文中字与词有很大分别。按词检索是指对文章中的词，即语义单位建立索引，检索时按词检索，并且可以处理同义项等。英文等西方文字由于按照空白切分词，因此，实际上与按字处理类似，添加同义处理也很容易。中文等东方文字则需要切分字词，以达到按词索引的目的。关于这方面的问题，是当前全文检索技术尤其是中文全文检索技术中的难点。全文检索系统是按照全文检索理论建立起来的用于提供全文检索服务的软件系统。一般来说，全文检索需要具备建立索引和提供查询的基本功能，此外现代的全文检索系统还需要具有方便的用户接口、面向 WWW 的开发接口、二次应用开发接口等。功能上，全文检索系统核心具有建立索引、处理查询、返回结果集、增加索引、优化索引结构等功能，外围则由各种不同应用具有的功能组成。结构上，全文检索系统核心具有索引引擎、查询引擎、文本分析引擎、对外接口等，加上各种外围应用系统等共同构成了全文检索系统。

目录索引，顾名思义就是将网站分门别类地存放在相应的目录中，用户在查询信息时，可选择关键词搜索，也可按分类目录逐层查找。目录索引中如以关键词搜索，返回的结果和搜索引擎一样，也是根据信息关联程度排列网站，只不过其中人为因素要多一些。目录索引虽然有搜索引擎功能，但严格意义上不能称为真正的搜索引擎。用户完全不需要依靠关键词查询，只是按照分类目录找到所需要的信息。目录索引中，国内有代表性的是新浪、搜狐、网易分类目录和国外的雅虎网站。其他著名的还有 Open Directory Project（DMOZ）、LookSmart、About 等。如果按分层目录查找，某一目录中网站的排名则是由标题字母的先后顺序决定（也有例外）。目录索引完全依赖手工操作。用户提交网站后，目录编辑人员会亲自浏览你的网站，然后根据一套自定的评判标准甚至编辑人员的主观印象，决定是否接纳你的网站。目录索引对网站的要求高，有时即使登录多次也不一定成功。尤其像雅虎这样的超级索引，登录更是困难。登录目录索引时则必须将网站放在一个最合适的目录中。目录索引要求手工填写网站信息，还有各种各样的限制。更有甚者，如果工作人员认为你提交网站的目录、网站信息不合适，他可以随时对其进行调整，当然事先是不会和你商量的。

除了全文搜索引擎和目录索引以外，还有元搜索引擎，它也是比较常见的搜索引擎类型。元搜索引擎是一种调用其他独立搜索引擎的搜索引擎，其能对多个独立搜索引擎进行整合、调用并优化结果。独立搜索引擎主要由网络爬虫、索引、链接分析和排序等部分组成；元搜索引擎由请求提交代理、检索接口代理、结果显示代理三部分组成，不需要维护庞大的索引数据库，也不需要爬取网页。“元”可以理解为数据的数据，如这篇文章的字数多少、大小多少等信息。抽象来说，元搜索引擎就是收集和处理搜索引擎的搜索引擎。具体来说，元搜索引擎就是整合了很多种搜索引擎的数据，同时提供给用户。元搜索引擎接受用户查询请求后，同时在多个搜索引擎上搜索，并将结果返回给用户。著名的元搜索引擎有InfoSpace、Dogpile、Vivisimo等，中文元搜索引擎中具有代表性的是搜星搜索引擎。在搜索结果排列方面，有的直接按来源排列搜索结果，如Dogpile；有的则按自定的规则将结果重新排列组合，如Vivisimo。请求提交代理就是将请求分发给独立搜索引擎。元搜索引擎可以按照用户需求和偏好请求实际需要调用独立搜索引擎，该方式能够有效提升用户查询的准确率和响应效率。检索接口代理是将查询内容转化成独立搜索引擎能够接受的模式，并且保证不会丢失必需的语义信息。结果显示代理是元搜索引擎按照用户的需求采用不同的排序方式对结果进行去重排序。元搜索引擎常用的排序方式有：相关度排序、时间排序、搜索引擎排序等。元搜索引擎的整体工作流程如下：首先，用户通过网络访问元搜索引擎并向服务器发出查询，服务器接收到查询内容后，先访问结果数据库，查询近期记录中是否存在相同的查询，如果存在，返回结果。其次，如果没有，将查询进行处理后分发到多个独立搜索引擎，并集中各搜索引擎的查询结果，结合排序方式对结果进行排序，生成最终结果并返给用户，同时保存现有结果到数据库中，以备下次查询使用。最后，保存的查询结果有一定的生存期，超过一定时间的记录就会被删除，以保证查询结果的时效性。

除此以外，还有其他非主流搜索引擎形式。例如，集合式搜索引擎，该搜索引擎类似元搜索引擎，区别在于它并非同时调用多个搜索引擎进行搜索，而是由用户从提供的若干搜索引擎中选择，例如，HotBot 在 2002 年底推出的搜索引擎。门户搜索引擎 AOL Search、MSN Search 等虽然提供搜索服务，但自身既没有分类目录也没有网页数据库，其搜索结果完全来自其他搜索引擎。免费链接列表（FFA）一般指简单的滚动链接条目，少部分有简单的分类目录，不过规模要比雅虎等目录索引小很多。垂直搜索引擎为 2006 年后逐步兴起的一类搜索引擎。垂直搜索引擎是针对某个行业的专业搜索引擎，是搜索引擎的细分和延伸，对特定人群、特定领域、特殊需求提供服务。它的特点是专业、精确和深入。垂直搜索引擎将搜索范围缩小到极具针对性的具体信息。垂直搜索引擎的结构与通用搜索系统类似，主要由三部分构成：爬虫、索引、搜索。但垂直搜索的表现方式与谷歌、百度等搜索引擎在定位、内容、用户等方面存在一定的差异，所以它不是简单的行业搜索引擎。用户使用通用搜索引擎时，通常是通过关键字进行搜索，该搜索方式一般是语义上的搜索，返回的结果倾向于文章、新闻等，即相关知识。垂直搜索的关键字搜索是放到一个行业知识的上下文中，返回的结果是消息、条目。例如，对于有购房需求的人来说，他们希望得到的信息是供求信息而不是关于房子的文章和新闻。不同于通用的网页搜索引擎，垂直搜索专注于特定的搜索领域和搜索需求（如机票搜索、旅游搜索、生活搜索、小说搜索、视频搜索等），例如，国内的酷讯、去哪儿、携程等，携程只针对机票、旅行信息进行收集和处理，国外的 Pinterest 主要针对图片进行收集和处理，在其特定的搜索领域有更好的用户体验。相比于通用搜索引擎动辄需要数千台检索服务器，垂直搜索具有需要的硬件成本低、用户需求特定、查询的方式多样等特点。

（三）搜索引擎的技术架构

作为互联网最具技术含量的应用之一的搜索引擎每天都在为几十亿的用户服务。用户除了知道在百度搜索框里输入一个“苹果”，点击百度返回的页面外，可能对搜索引擎就知之甚少了。在用户没有看到结果之前，搜索引擎依靠着复杂的架构和算法，收集并处理了海量的数据，同时还为用户提供尽可能准确的搜索信息，因此搜索引擎是各种高深算法和复杂系统实现的完美结合，优秀的搜索引擎需要复杂的架构和算法，以此来支撑对海量数据的获取、存储，以及对用户查询的快速而准确的响应。因此，从架构层面，搜索引擎需要能够对以百亿计的海量网页进行获取、存储、处理的能力，同时要保证搜索结果的质量。如何获取、存储并计算如此海量的数据？如何快速响应用户的查询？如何使搜索结果能够满足用户的信息需求？这些都是搜索引擎面对的技术挑战。

搜索引擎是由许多技术模块组成的，这些技术模块负责在不同阶段对不同数据进行技术处理，它们互相构成了一个完成的技术架构。如图 7–1 所示，搜索引擎一般由搜索器、索引器、检索器和用户接口四个部分组成，基本上这个架构图就可以涵盖搜索引擎的大致工作了。

根据搜索引擎的架构，我们得知，首先通过搜索器在互联网中漫游，发现和收集信息，其中搜索器的信息收集功能基本都是利用称为网络蜘蛛的自动搜索机器人自动实现的。网络蜘蛛连上每一个网页上的超链接，自动从互联网爬取和收集信息。这个过程就像顾客要去超市中找到所需要的商品，首先超市的采购员需采购回来许多许多商品，同样，搜索引擎要发挥作用，需使用网络蜘蛛的爬虫

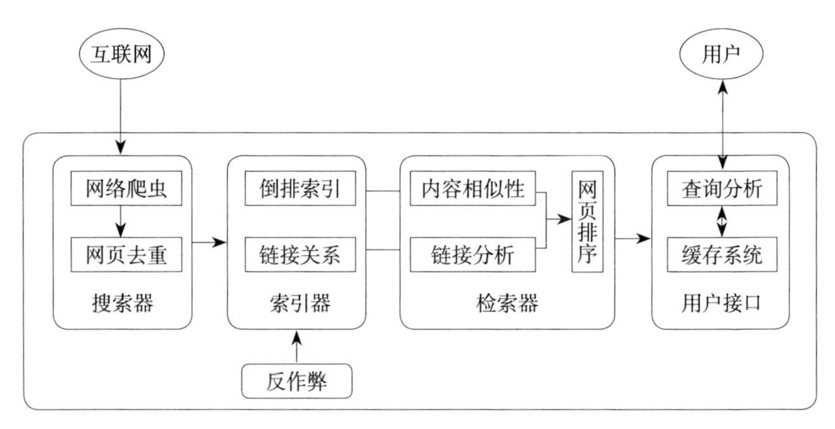

图 7-1　搜索引擎技术架构图

功能将互联网上的网页自动收集、获取并下载到本地，可以理解为将各个网页以 Word 文档的形式下载到了本地电脑里。搜索引擎的网络蜘蛛机器人程序根据网页链接到其他中的超链接，就像日常生活中所说的“一传十，十传百……”一样，从少数几个网页开始，连到数据库上所有到其他网页的链接。理论上，若网页上有适当的超链接，机器人便可以遍历绝大部分网页。接下来，超市的理货员还需对每个商品贴上独一无二的价格标签，同样搜索引擎还需要对下载的数据进行去重处理。因为下载了许多文档，存在很多文档数据可能完全一致的情况，因此需要对这些文档进行去重操作，保证每个文档都包含独一无二的内容。

正如超市采集的货架商品还需要建立标签与货品的对应关系一样，在搜索器收集到网络信息后，就需要进一步对收集到的信息建立索引。索引器的功能正是将搜索器所搜索到的信息进一步理解后进行处理，从中抽取出索引项，用于对文档进行标识并根据文档标识，建立文档库的索引表，实现对搜索引擎收集信息的整理。这个过程就像超市的理货员记住商品价格标签上的主要内容一样，搜索引擎不仅要保存收集起来的信息，还要将它们按照一定的规则进行编排，如果信息是不按任何规则地随意堆放在搜索引擎的数据库中，那么它每次找资料都得把整个资料库完全翻查一遍，十分浪费计算机的处理资源，如此一来再快的计算机系统也没有用。因此，搜索引擎中需要有相关程序对这些去重后的文档进行解析操作，即抽取出文档的内容和链接。通过文字的倒排索引算法，搜索引擎对文字进行一定的操作，构成一个倒排索引表，再根据某些复杂的算法，对链接进行一定的操作，构成了一个链接关系。这样搜索引擎根本不用重新翻查它所有保存的信息而迅速找到所要的资料。对已经进行过的所有操作，重点是构成好的倒排索引表及链接关系，进行反作弊的处理，如剔除违法犯罪内容、删除坏网页等，类似超市货品上架之前的检查。

超市的货品一经上架并打上标签入库保存了，接下来顾客该如何在偌大的超市中找到商品呢？就像超市还需要给顾客提供一定的指引一样，搜索引擎还需要为用户提供一个检索器，使其可以根据用户的查询在索引库中快速检索文档，并在用户的关键词与查询结果之间进行相关度评价，对将要输出的结果排序，并能按用户的查询需求合理反馈信息。用户向搜索引擎发出查询，搜索引擎接受查询并向用户返回资料。搜索引擎每时每刻都要接到来自大量用户的几乎是同时发出的查询，它按照每个用户的要求检查自己的索引，在极短时间内找到用户需要的资料，并返回给用户。搜索引擎还需要提供用户接口，用于接纳用户查询、显示查询结果、提供个性化查询项。搜索引擎用户接口的工作原理大致为：搜索引擎返回主要是以网页链接的形式提供的，这样通过这些链接，用户便能到达含有自己所需资料的网页。通常搜索引擎会在这些链接下提供一小段来自这些网页的摘要信息以帮助用户判断此网页是否含有自己需要的内容。例如，用户在搜索框输入了“苹果”。搜索引擎在缓存系统赶紧查一下有没有苹果。缓存系统可以理解为用户搜得很多，放在一个单独容易取到的地方。就像超市售货员在离得最近的“最畅销货架”上找一下有没有“苹果”一样，如果缓存系统有“苹果”，就直接给用户。如果没有，则进入下一步骤，赶紧跑进超市内部去找。搜索引擎没有在缓存系统中找到用户要查的词语，就会根据查询词在第一阶段中处理出来的内容和链接进行分析，找到可能是用户想要的信息。此外，超市售货员拿着几亿的标签，最该给用户的是能吃的“苹果”呢？是“苹果”手机呢？还是“苹果”形状的抱枕呢？当然售货员会根据已有经验给用户推荐相关性最大的商品。同样搜索引擎在几毫秒内找到了数以亿计可能相关的网页，根据一定的相关性算法，把最可能是用户想要的页面展示在最前面，之后按照相关性进行排序，依次展示。

根据搜索引擎技术架构，目前搜索引擎涉及的关键技术主要包括网络爬虫、中文分词、大数据处理、数据挖掘等。其中，网络爬虫也被称为蜘蛛或者网络机器人，可作为搜索引擎的搜索器，成为搜索引擎抓取系统的重要组成部分。网络爬虫的主要作用是根据相应的规则，以某些站点作为起始站点，通过各页面上的超链接遍历整个互联网，利用 URL 引用根据广度优先遍历策略从一个 HTML 文档爬行到另一个 HTML 文档来抓取信息。在中文互联网世界中，网络爬虫爬取的信息结果还需要进行中文分词处理。而其中涉及的中文分词技术则是中文搜索引擎中一个相当关键的技术。中文分词是文本挖掘的基础，通过中文分词，在创建索引之前需要将中文内容合理地进行分词，对于输入的一段中文，成功地进行中文分词，可以达到电脑自动识别语句含义的效果。中文分词后还需要进行大数据处理。通过运用大数据处理计算框架，对数据进行分布式计算。其中需用到大数据处理技术主要是因为互联网数据量相当庞大，爬取的结果可能数据量太大，需要利用大数据处理技术来提高数据处理的效率。在搜索引擎中，大数据处理技术主要用来执行对网页重要度进行打分等数据计算。搜索引擎还需要数据挖掘技术，从海量的数据中采用自动或半自动的建模算法，寻找隐藏在数据中的信息，实现从数据库中发现知识的过程。数据挖掘一般和计算机科学相关，并通过机器学习、模式识别、统计学等方法来实现知识挖掘。在搜索引擎中的数据挖掘主要是进行文本挖掘，搜索文本信息需要理解人类的自然语言，文本挖掘可从大量文本数据中抽取隐含的、未知的、可能有用的信息。

二、ChatGPT 与搜索引擎的区别

微软 Bing 搜索引擎集成了 ChatGPT 后大幅度地改善了用户搜索的体验，优化了搜索引擎的功能。可以说，ChatGPT 的出现对搜索引擎行业的影响是巨大的，有很多人预言 ChatGPT 有望颠覆搜索引擎甚至撼动搜索引擎行业，替代传统搜索引擎。然而，ChatGPT 与我们所熟知的谷歌和百度等传统搜索引擎有着非常本质的区别，无论是功能上还是技术实现上都千差万别，切不可混淆概念。

图 7-2　Microsoft Bing 是微软公司于 2009 年 5 月 28 日推出的，用以取代 Live Search 的全新搜索引擎服务
图片来源：Microsoft Bing

（一）ChatGPT 与搜索引擎在功能上的区别

我们现在正处在一个信息过载的时代，全世界每年产生 1EB（艾字节）到 2EB 信息，相当于地球上每个人每年大概产生 250MB（兆字节）信息。其中，纸质信息仅占所有信息的 0.03%。静态网页有上百亿字节，动态及隐藏网页至少是静态网页的 500 倍。汤姆·兰道尔（Tom Landauer）认为人的大脑只能存储约 200MB 信息，一生只能接触约 6GB 信息。近些年来，大数据技术的出现及发展、深度学习以及神经网络计算能力的提高，加速提高了我们对信息的处理能力，但是并没有缓解信息过载给我们造成的影响。在这种情况下，搜索引擎成为我们获取信息的主要手段之一。搜索引擎的核心功能是海量信息集合，而非信息创造。用户在搜索框输入关键字，搜索引擎根据算法，抓取、索引、排序与查询匹配的结果，然后给提供用户大量的链接，用户再从中寻找自己需要的信息。事实

上搜索引擎相当于一个字典，搜索引擎的蜘蛛程序无时无刻不在互联网中爬行、抓取和收集数据，它记录了互联网的信息。当网站的用户在搜索引擎中输入搜索词进行信息检索时，搜索引擎会根据用户键入的搜索词，按照一定的算法及规则与自己数据库中的关键词进行匹配、筛选、排序，并在搜索结果页面中显示与用户检索相关的结果信息。

而 ChatGPT 主要用于提供人机对话和自动回复等功能。它能够根据用户输入的文本内容，自动生成新的文本内容，模拟人类语言的生成过程。通过这种方式，ChatGPT 能够提供较为自然的人机对话，帮助用户更好地与计算机交流。此外，ChatGPT 还可以用于智能客服、智能问答等领域。例如，在智能客服系统中，ChatGPT 可以自动回答用户的常见问题，节省人力成本，提高服务效率。在智能问答系统中，ChatGPT 可以根据用户提问的内容，快速生成答案，满足用户的需求。总之，ChatGPT 的作用是提供人机对话和自动回复等功能，帮助用户更好地与计算机交流，提供更人性化的信息服务。ChatGPT 属于人工智能生产内容，是一种新的内容创作方式。它已经被数据集训练完毕，通过一对一的对话和类似人类的口吻，给出单一、即时的答案，还能结合上下文，实现多轮对话，帮助用户解决更为复杂的、连续性的问题。用户可以一步步引导规则，让它设计游戏等产品，或者给它一段程序，让它检查漏洞，还可以给它演示案例，让它举一反三。互动越复杂，ChatGPT 的能力也会越强大，如果只把 ChatGPT 当作一个回合的搜索引擎用，对它来说倒有些“屈才”。

传统搜索引擎以链接罗列方式向终端客户提供信息，而

ChatGPT 通过人工智能生产内容技术对信息进行二次加工并提供唯一答案，ChatGPT 和搜索引擎的区别主要体现在功能、应用领域和使用方式等方面：从功能上看，ChatGPT 是基于语音或文本的对话，用户可以通过自然语言问题来与它交互，主要用于提供人机对话和自动回复等功能，它不是用来搜索网页的，而是用来回答用户问题的。而搜索引擎则通常是基于文本的，即用户输入的关键字来搜索网页，主要用于帮助用户快速找到感兴趣的信息。从应用领域上看，ChatGPT 主要应用于人机对话、智能客服、智能问答等领域，而搜索引擎主要应用于互联网搜索、文献检索等领域。从使用方式上看，ChatGPT 通常在人机对话或智能客服系统中使用，用户可以通过文本输入或语音输入与 ChatGPT 交流，而搜索引擎主要用于帮助用户快速找到感兴趣的信息。总的来说，ChatGPT 是一个大型语言模型，被训练来回答用户问题并进行对话，通过学习大量的文本数据，并根据用户问题生成答案，旨在帮助人们更好地与计算机交流。相比之下，搜索引擎是一种用于查询网络信息的工具，主要通过语言和文本来了解人类的意图，进而通过搜索网络上的信息，通过索引和搜索网页找到可能回答用户问题的网页，并回答问题或提供信息。因此，ChatGPT 和搜索引擎并不能相互取代，而是应相辅相成，更好地为用户提供便捷的信息服务。

（二）ChatGPT 和搜索引擎在技术实现上的不同之处

ChatGPT 是一种基于自然语言处理技术的对话系统，在技术实现上主要依赖于自然语言处理技术，它可以帮助机器理解人类语言，并且可以根据上下文和语境来回答问题。ChatGPT 使用了经过预训练的生成式 Transformer。这是一种基于自注意力机制的神经网络架构，它可以学习到输入序列中不同位置之间的依赖关系，从而在不需要循环神经网络的情况下实现对序列的编码和解码。在 ChatGPT 中，Transformer 被用于从上下文中提取信息以生成回复。ChatGPT 采用了无监督的预训练方式，即使用大量的文本数据进行训练，使模型能够学习到自然语言中的语法、语义和上下文信息等。具体来说，ChatGPT 使用了一种称为语言模型的预训练任务，即在输入一段文本的前提下，预测下一个词出现的概率。预训练的结果是得到一个经过调整权重和参数的模型。在预训练之后，ChatGPT 会对模型进行微调，使模型能够适应特定的对话任务或领域。这个微调的过程是基于监督学习的，即利用已有的对话数据对模型进行反向传播训练，调整模型的权重和参数，从而使其能够更好地生成合理的回复。在生成回复时，ChatGPT 使用了一种称为束集搜索的搜索算法，它可以搜索概率最高的一组候选回复，从而提高回复的准确性和流畅度。总的来说，ChatGPT 的技术原理是将预训练和微调相结合，利用 Transformer 和束集搜索等技术实现对话生成。这种技术能够通过大量的数据对模型进行训练，使 ChatGPT 能够自然地生成人类般的回复。

搜索引擎和 ChatGPT 在技术实现上完全不同，搜索引擎的一般工作过程首先都是用蜘蛛进行全网搜索，自动抓取网页，然后将抓取的网页进行索引，同时也会记录与检索有关的属性，中文搜索引擎中还需要首先对中文进行分词，接受用户查询请求，检索索引文件并按照各种参数进行复杂的计算，产生结果并返回给用户。ChatGPT 和搜索引擎之间在技术实现上的最大区别在于 ChatGPT 是一种自然语言处理技术，它可以帮助机器理解人类语言，并且可以根据上下文和语境来回答问题。相比之下，搜索引擎是一种搜索技术，它可以帮助用户搜索网络上的信息，但是它不能理解人类语言，也不能根据上下文和语境来回答问题。ChatGPT 可以帮助机器学习，它可以根据用户的输入来学习新的知识，从而更好地回答问题，而搜索引擎只能搜索网络上的信息，而不能学习新的知识。ChatGPT 可以更好地理解人类语言，它可以根据上下文和语境来回答问题，而搜索引擎只能搜索网络上的信息，而不能理解人类语言。

总之，ChatGPT 和搜索引擎之间有很多不同之处。自 ChatGPT 横空出世，不乏搜索引擎将被取代的声音。其实搜索引擎的发展并没有掉队，以谷歌为例，它在 DeepMind 的大型语言模型 Chinchilla 上训练人工智能聊天机器人 Sparrow，也开发了对话神经网络语言模型 LaMDA。谷歌研究人员发了一篇题为《重新思考搜索》的论文，描述了一种新型搜索引擎，大型语言模型借助算法提供简洁的专业答案，用户无须在大量网页列表中搜索信息，听起来跟 ChatGPT 一样融合了更多人工智能技术，可见 ChatGPT 的出现也给搜索引擎的发展提供了更多的启示。

三、ChatGPT 改变搜索引擎？

开发人员乔什·凯利（Josh Kelly）曾晒出同一个代码问题在谷歌和 ChatGPT 的不同结果，ChatGPT 的答案看起来质量更高，让他感叹“Google is done！”（谷歌完蛋了！）。初出茅庐的 ChatGPT，真的把刀架在搜索引擎的脖子上了吗？ ChatGPT 对搜索引擎会产生什么影响？ChatGPT会从哪些方面改变搜索引擎呢？

（一）ChatGPT会取代搜索引擎吗？

相较于传统搜索引擎提供内容相关页面链接，ChatGPT可以直接生成面向问题的高完成度回答，并能够提供回答内容的相关引用链接。此外，针对开放式问题，ChatGPT也可以通过匹配网络中的数据生成较为完整的答案。在处理知识类以及创意类的问题时，ChatGPT提供的搜索体验远胜于目前的传统搜索引擎。尽管ChatGPT能大幅优化用户的搜索体验，但要取代传统搜索引擎仍然面临几个关键技术瓶颈。首先，目前英文版本的ChatGPT数据截至2021年，而中文版本的ChatGPT数据截至2020年，数据库版本滞后的主要原因是语言类大模型的技术限制。ChatGPT目前在GPT大模型上加入标注数据训练的模式让实时数据的引入非常困难，如果要重新预训练模型，估计每次预训练需要用到1000块以上的英伟达A100显卡工作半个月至一个月的时间，成本在百万美元以上。而如果采用微调的方式专门训练新知识，会导致新知识在模型内的权重过高，频繁的微调也会导致模型“遗忘”旧的知识。

此外，在大量的测试后发现，虽然ChatGPT回答问题的准确性有所提高，但如果提出的问题较为模糊或者本身包含部分错误信息在内，模型有可能以“一本正经”的语气生成完全错误甚至凭空捏造的回答。真假答案的混杂会让用户在需要对专业性问题寻求答案时产生严重的困扰，这也是目前语言类大模型普遍存在的问题。据中文专业IT社区CSDN微信公众号报道，2022年11月几乎同一时间上线的Meta服务科研领域的语言类大模型Galactica就因为真假答案混杂的问题，测试仅仅 3 天后就被用户投诉下线。根据模型的现有数据，我们假设每次生成的回答长度平均为 50 个词，用于推理的情况下，我们估算 ChatGPT 每一次生成答案的成本约为 1.3 美分，约为谷歌搜索引擎每次搜索成本的 3 倍。如果每天面对数以亿计用户的搜索请求，如此高昂的成本是研发公司所不能承受的，在中短期内 ChatGPT 完全取代传统搜索引擎在商业模式上无法做到。

（二）搜索引擎变革就在眼前

随着互联网的发展，网上可以搜寻的网页变得越来越多，而网页内容的质素亦变得良莠不齐，没有保证。所以，未来的搜索引擎将会朝着知识型搜索引擎的方向发展，以期为搜寻者提供更准确及适用的资料。ChatGPT 可以为用户提供自然、直接的对话式接口，使用户能够以类似于与人交互的方式进行搜索。ChatGPT 的出现，从功能上和技术上都为搜索引擎的发展给出了很多启示，这种技术已经对现有搜索引擎的发展产生了深远的影响。有了 ChatGPT 的帮助，微软搜索引擎全面提升搜索效率。每天有 100 亿个搜索查询，但据微软估算，其中一半没有得到回答。这是因为人们的想法越来越五花八门，搜索引擎传统的设计理念已经跟不上时代了。特别是当人们查询更复杂的问题或任务时，使用传统搜索引擎的效率很低。而新版 Bing 和 Microsoft Edge，让这些问题不再是困扰。新版 Bing 的主页有很多微妙的变化，首先是搜索框变大了，可以输入多达 1000 个字符的查询。新版 Bing 并不是直接在搜索引擎中融合了 ChatGPT 的能力，而是在保留传统搜索方式的基础上，在搜索结果页面的右侧，直接加了一个像 ChatGPT Tab 的标签栏，用户可以点击进入和 ChatGPT 类似的聊天页面。通过引入聊天功能，新版 Bing 变得更像个人助手。你可以让它帮你完成旅行计划、购物研究等。例如，当你想买一台 65 英寸（1 英寸≈ 2.54 厘米）电视，右侧会一口气列出 2023 年最畅销的 65 英寸电视清单。你可以在消息框中最多输入 2000 个字符，提出完整的问题，与 Bing 自然地交流，了解更多你想知道的信息。Bing 可以记住所有的聊天记录，所以你不需要重新输入在此前聊天过程中提到过的信息。

总的来说，有了 ChatGPT 的帮助，Bing 和 Microsoft Edge 的功能进一步提升：一是更好的搜索。新版 Bing 提供了熟悉的搜索体验的改进版，为体育比分、股票价格和天气等简单内容提供了更相关的结果，可在一个新的侧栏显示更全面直观的答案。二是完整的答案。Bing 会查看全网搜索结果，查找并总结你想要的答案。如上文所述，你可以直接得到关于如何用另一种关键成分代替鸡蛋来烤蛋糕的详细说明，而无须在页面上滚动浏览多个结果。三是全新聊天体验。对于更复杂的搜索，例如，计划详细的旅行行程或研究要买什么电视，新版 Bing 提供了新的交互式聊天功能。聊天体验让你能够通过询问更多细节、清晰度和想法来优化你的搜索，直到获得你想要的完整答案。这样你就可以立即执行你的决定。四是创意的火花。有时候你需要的不仅仅是一个答案，还需要灵感。新版 Bing 可以直接帮助你生成内容。它可以帮你写电子邮件，策划度假行程、预订旅行和酒店、为工作面试做准备，或者创建问答小测验。你也可以在新版 Bing 上查看它引用的所有网页内容的链接。五是全新 Microsoft Edge 体验。微软更新了 Edge 浏览器，增加了新的人工智能功能和新外观，还增加了两项新功能：聊天和撰写。借助引入了 ChatGPT 功能的 Edge 侧边栏，你可以让它从一份冗长的财报中总结出关键信息，让 Edge 帮你撰写指定的内容，以及更新帖子的语气、格式和长度。Edge 能理解你所在的网页，并进行相应的调整。例如，假如你的预算有限，你可以问 Bing“哪些是最便宜的”，Bing 会立即查询整理出一份新清单，并标明产品售价。

新版 Bing 和 Microsoft Edge 的体验是四大技术突破的结晶，首先是下一代 OpcnAI 大模型。新版 Bing 正在运行一种新的下一代 OpenAI 大型语言模型，该模型比 ChatGPT 更强大，并且专门针对搜索进行了定制。它汲取了 ChatGPT 和 GPT-3.5 的重要经验和长处，而且速度更快、更准确、功能更强大。其次是微软 Prometheus 模型。微软开发了一种最大限度使用 OpenAI 模型的专有方法。微软将这种能力和技术的集合称为 Prometheus 模型。这种组合为用户提供更相关、更及时和更有针对性的结果，同时提高了安全性。此

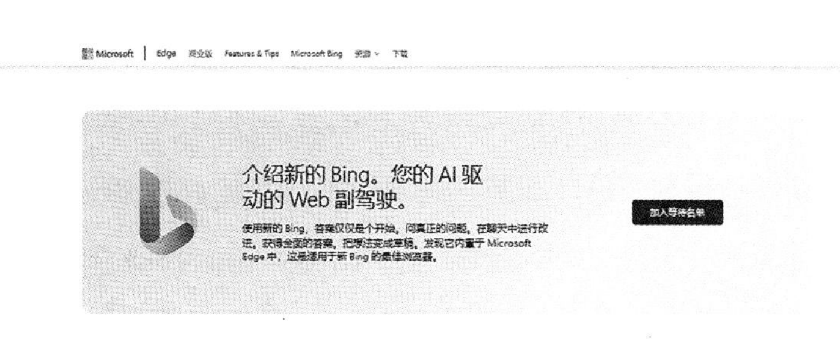

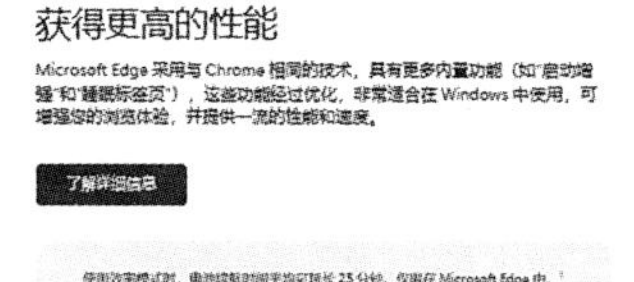

图 7-3　Microsoft Edge 中文版　　图片来源：Microsoft Edge 中文网

外还包括人工智能在核心搜索算法中的应用。微软将人工智能模型应用于核心 Bing 搜索排名引擎，这是 20 年来相关性的最大跃升。有了这个人工智能模型，即使是基本的搜索查询也更准确、更相关。最后微软创新了新的用户体验。微软正在重新构想用户与搜索、浏览器和聊天的交互方式，将它们整合到一个统一的体验中。这将开启一种全新的网络交互方式。这些突破性的新搜索体验之所以成为可能，是因为微软致力于将 Azure 云平台打造成为面向全球的人工智能超级计算机。OpenAI 已使用该基础架构来训练现在正在针对 Bing 进行优化的突破性模型。

ChatGPT 最大的功能影响就是优化了搜索模式。由于 ChatGPT 使用对话式交互，它将产生新的搜索模式，如语音搜索、图像搜索等，相机和麦克风已经成了新的键盘。未来搜索将不仅限于文字，用户还可以用语音、图像或者视频来表达意图。例如，你对某种植物感到好奇，不知道它叫什么，那么给它拍个照就会有答案。人工智能使这样的搜索结果变得越来越精确。这些新的搜索模式将使搜索更加方便，也将使搜索引擎的应用范围更加广泛。搜索引擎产品的演变越来越强调传统搜索引擎为主 + 大语言模型为辅相结合。目前 ChatGPT 的技术路径难以在较短时间内解决搜索成本的问题，因此从分场景限制用量的思路出发，中短期内 ChatGPT 可以通过部分技术改进辅助传统搜索引擎实现用户体验大幅提升。考虑到 ChatGPT 在不同分类问题中的表现情况，可以限制 ChatGPT 搜索，仅在知识类搜索场景下启用，这样可以有效控制成本。面对时效类问题时，模型自动判断转向传统搜索引擎生成答案，并通过传统搜索引擎的数据返回生成 ChatGPT 版本的汇总新答案。此外，微软再一次强调了他们将搜索引擎进一步发展，坚持其对可信人工智能的追求，称微软与 OpenAI 一起有意实施保护措施来抵御有害内容，正在努力解决错误信息和虚假信息、内容屏蔽、数据安全等问题，并根据其人工智能原则防止有害或歧视性内容的宣传。双方将继续运用负责任的人工智能生态系统的全部力量，来开发新的方法降低风险。微软官方博客写道："为了让人们能够释放发现的喜悦，感受创造的奇迹，更好地利用世界上的知识，今天，我们正在通过重新发明数十亿人每天使用的工具——搜索引擎和浏览器，来改善世界从网络中受益的方式。"另据知情人士透露，微软还计划于 2023 年晚些时候发布一款软件，帮助大企业自行开发类似于 ChatGPT 的聊天机器人。ChatGPT 引发的人工智能技术创新热潮正带给搜索引擎和浏览器全新的生命力，谷歌搜索、百度等主流搜索引擎也在筹备上线类似的功能。这些新功能虽然还有很多不足，但它们的确将人们带入了全新的高效搜索世界。

2020 年 1 月 7 日，百度创始人、董事长兼首席执行官李彦宏作为受邀嘉宾出席了印度理工学院马德拉斯分院举办的 Shaastra 2020 科技节"Spotlight Lecture Series"活动，发表了题为《人工智能时代的创新》的演讲，谈到了他眼中未来 10 年的搜索引擎发展。"进入人工智能时代，搜索也在不断发展变化。"李彦宏认为："搜索技术的发展日新月异。以前，搜索技术在我看来基本上就是一种统计技术。但在今天，所有的一切都是机器学习。"在李彦宏看来，目前，有越来越多的搜索将直接得到答案，而不是像过去，给用户大量链接让用户自己去寻找正确答案。因为搜索问题本质上是一个人工智能的问题。李彦宏表示："现在之所以说搜索本质上是一个人工智能的问题，原因就在于，当人们用文字、问题提出请求或者表达兴趣的时候，计算机会推测人类或用户的意图，从而提供相关答案。而这就是人工智能的本质，即让计算机了解人类、服务人类。”传统的搜索引擎通过关键词匹配来显示结果，但这种方式可能会出现一些低质量、无关或甚至有害的结果。与之相比，ChatGPT 可以理解用户的意图，通过学习用户的搜索历史和行为，了解用户的兴趣和偏好，并提供更加个性化的搜索结果。这使用户能够更快速、准确地找到他们感兴趣的信息，并提供更加精确、个性化的结果，从而提高搜索结果的质量。目前搜索引擎搜索首条结果回答了大约 60% 的查询。未来在人工智能技术的帮助下，这一比例还将上升至 70%、80% 甚至 90%。这意味着人们将更容易直接得到正确答案，而不再需要点击不同的链接、浏览不同的网页。

近年来亦有不少公司尝试在人工智能技术与搜索引擎功能融合方面改进，务求使搜索结果更符合用户的要求。诸如 Copernic Agent 之类的搜寻代理就是其中之一。在台湾，威知资讯是利用文字探勘技术发展搜索引擎产品的公司，其利用人工智能算法，可达成目前搜索引擎所缺乏的简易人机互动模式，诸如关联字提示、动态分类字提示等，算是较另类的搜索引擎产品。而搜索巨头百度在这方面优势明显。百度公司近年来一直致力于人工智能领域的研究，深耕人工智能多年，在自动驾驶等领域都有令人瞩目的突破，且在算力和硬件储备上，有百度云作为支撑，在数据上有大量搜索记录和自媒体内容，可以说是蓄势待发，于 2023 年 3 月 16 日推出了“文心一言”产品，即百度版的 ChatGPT，英文名为 ERNIE Bot。

总的来看，通过一些小技术的革新（大部分已经出现在了其他大语言模型中，只需要借鉴）就可以让 ChatGPT 成为一个合格的辅助搜索引擎。不过成本的问题短期内暂时看不到太好的解决方法，这也给目前的搜索引擎巨头充足的时间以应对 ChatGPT 带来的冲击。

ChatGPT

第八章

ChatGPT 与元宇宙

ChatGPT 与元宇宙有什么联系，ChatGPT 与元宇宙如何实现共荣共生?

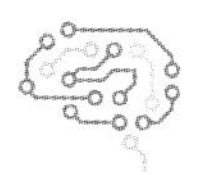

2023 年 2 月 12 日，一个名叫“DOKI”（心跳、心动之义）的女孩在抖音、小红书、B 站等社交平台凭借视频《问世篇》出道后，顿时吸睛无数。DOKI 为何如她的名字一样如此扣人心弦？原来虽然 DOKI 的面部表情、肢体动作都趋于真人，还如同真实生命般具备学习和思考能力，但是她的真实身份实则是一个 3D 虚拟数字人。随着 ChatGPT 的兴起，像 DOKI 一样的虚拟主播、虚拟导游、虚拟客服等虚拟数字人屡见不鲜。专家们认为，ChatGPT 为虚拟数字人注入了灵魂，甚至大胆猜测，2030 年以前，人类可能拥有另一个数字化的自我，像电影中的“阿凡达”一样，人类可以在这个数字孪生体中进驻自己的意识，还能与他人的虚拟替身连接互动，并对真实世界产生影响。种种迹象表明，随着如 ChatGPT 等技术的不断发展，像电影中“潘多拉”一样复制甚至超越现实的虚拟宇宙已不再遥不可及，人类正逐渐将想象中的伊甸园变为现实，其实这就是近年来十分热门的“元宇宙”，那么元宇宙究竟是什么样的存在？ChatGPT 与元宇宙有何联系？如何才能实现 ChatGPT 与元宇宙的共荣共生？

一、什么是元宇宙？

元宇宙，由“Metaverse”一词直译而来，最早出现在美国著名作家尼尔·史蒂芬森（Neal Stephenson）的科幻小说《雪崩》之中，由“meta”（超越，高于）+“verse”（Universe，宇宙）组成，有“超越宇宙”，即“宇宙的宇宙”之义。这位熟知计算机网络和黑客技术的作家在书中描绘出了一个平行于现实世界的虚拟数字世界——元宇宙，人们在元宇宙中都有各自的数字化身 Avatar，能够不受真实世界中时空上的限制自由交往，并和现实社会紧密联系。伴随着互联网技术的发展和社会的进步，元宇宙的概念逐渐成为讨论和研究的热点。

图 8-1　美国作家尼尔·史蒂芬森小说《雪崩》封面　　图片来源：亚马逊

（一）元宇宙的概念认知

人们对于元宇宙的认知日益清晰，但是对于元宇宙的概念，并没有形成一个统一的说法，但是我们可以先来纠正一下大家对元宇宙的错误认识，明确元宇宙不是什么。

元宇宙等于大型电子游戏吗？《无人深空》游戏是一个让玩家扮演宇航员的角色来体验太空冒险的大型电子游戏，通过开放式的地图设计，玩家可以在游戏中穿梭于浩瀚无穷的深空，获得星际穿越的刺激感受。再如《第二人生》（*Second Life*）游戏，玩家可以自己塑造一个游戏“化身”，在与现实世界一样的虚拟世界中创造、交易，体验第二种人生，游戏中的虚拟货币甚至可以兑换成现实货币，与现实世界利益相通。但是，我们还是不能将元宇宙简单等同于这些大型电子游戏。以开发者设定的场景、角色、规则为中心组织起来的大型电子游戏，一方面，游戏的场景、道具等设计与现实世界并不同步，无法完全真实地呈现现实世界；另一方面，元宇宙是以现实生活为蓝本构建的，以参与者自己而非游戏设计为中心的，用新的交互终端取代鼠标等传统的交互设备的虚拟世界，人们能在元宇宙中扮演真实的自我角色，且能获得的真实的感官体验，并与现实世界进行交互产生影响。

元宇宙等于虚拟现实应用吗？在数字博物馆中带上 VR（虚拟现实）眼镜，游客可以“穿越”古代的建筑工地，不但可以观看到复原后的 17 米高的起重机，还可以以工人的角色去体验操纵机器，甚至还能向古代先驱请教学习。虚拟现实应用让人们能真实地体验虚拟世界，那元宇宙是不是就是虚拟现实应用呢？两者有何区别？毫无疑问，虚拟现实是实现元宇宙的一个重要基础，但它只是元宇宙的一个重要技术底座之一，并不能将它与元宇宙画等号。增强现实应用往往是独立的、局部的，虚拟分身难以从一个活动无缝跳转到另一个活动之中；而元宇宙则更具社交性和关联性，不同部分相互连接成一个共享的、巨大的、无限的、持久的虚拟世界，用户可以不受任何限制地参与各项体验。

对于元宇宙的含义，尽管众说纷纭，但从元宇宙与现实世界之间的关系来看，主要有数字虚拟宇宙、虚实融合宇宙、数字超智宇宙三种主流看法。第一种观点认为元宇宙就是将人类的精神世界用三维立体的方式构建而成的数字虚拟世界，是现实世界的镜像世界或平行世界，通过数字孪生等科技打造，是现实世界的副本，既映射于又独立于现实世界，打破了现实世界的时空藩篱，人类能够以数字化身在这个数字场所中进行社会活动，同时也改变了现实世界的活动行为和交互方式。第二种观点则强调元宇宙是虚实融合的，它与现实世界高度关联、互通，两者的边界日益模糊，是信息技术、量子技术、数学和生命科学等多种技术共同驱动的产物。用户在现实世界与元宇宙中的身份唯一对应，感官实时互通，能凭借虚拟化身在元宇宙中从事各类社会活动。第三种观点定义元宇宙为超越现实的进化宇宙，通过打破既有的资源壁垒、信息壁垒、空间壁垒等，构建新的经济、社会、交往新形态，是一种由数字技术变革所创造出的“青出于蓝而胜于蓝”的超智能世界。在这个世界中能解决很多影响人类进步的社会问题，引领社会的进步和发展。综上所述，我们可以这样理解元宇宙：元宇宙就是一个不断赋予机器设备、网络平台、应用数据等以意识、价值、生命的世界，是意识、价值、生命的互联网，并且在不断发展进化之中。

元宇宙又有何本质特征呢？一是意识互联。如电影《头号玩家》中描述的一样，用户戴上 VR（增强现实）头盔，就能随时随地打开“从现实世界通往虚拟世界”的大门，并且能将视觉、听觉、触觉、想法等感官意识实时传递给他人，这种沉浸感强、极低延迟的体验感受拓展了信息交互的广度和深度，为人类的社会生活开辟了新场所，解锁了新方式，塑造了新特点，产生了新内容。二是价值互联。在《第二人生》游戏中，用户能“边玩边赚”，有可与真实货币交换的数字货币系统。这也从侧面反映出元宇宙拥有能和现实世界的经济体互通的经济系统这一本质特征，通过数字货币、数字资产、数字创造、数字市场等要素加剧实体经济与数字经济的融合，激发用户在元宇宙的虚拟空间中消费、生产、创造，实现价值互联，进而推动整个经济体系的数字化转型和智能化升级。三是生命互联。元宇宙构建的数字世界包罗万象，各行各业的用户都能兼容其中，同时具备了诸如自然环境、生产系统、文明体系等现实社会的所有要素，有着与现实社会极其相似的发展规律。有新陈代谢，有生老病死，“我们都曾年轻，我们也终将老去”；也会拥有独一无二的“身份证”，关心着“身份信用”的问题；也会在漫漫历史长河中衍生出新的文明，唱出绚烂的文明之歌。

（二）元宇宙的发展阶段

尼尔·斯蒂芬森的《雪崩》犹如平地一声雷般，引起了人们对元宇宙的思考，但是元宇宙当时在科技界并非尽人皆知，那么元宇宙的概念为什么会突然在几十年后的当今熠熠发光？让我们一起回顾元宇宙的发展历程，梳理元宇宙的时间轴。

1980—1992 年：萌芽。1984 年，美国科技达人杰伦·拉尼尔（Jaron Lanier）最早提出了“Virtual Reality”（虚拟现实）的概念，他用 VR 这个词概括了科学家们研究探索了多年的一些相关技术，并创立了第一家 VR 创业公司——VPL 研究公司，采用眼镜、头盔、手套等一套设备将 VR 技术成功付诸应用。1989 年 3 月 12 日，英国计算机科学家蒂姆·伯纳斯·李发明了互联网的雏形——万维网（World Wide Web，WWW 或 Web），一个自动化的信息共享平台展现在世人面前。随着微软公司第一代浏览器——IE 浏览器的发布，互联网成为普通民众获取信息的新途径。1992 年，尼尔·斯蒂芬森在科幻巨作《雪崩》中，创造了“元宇宙”一词，被认为是元宇宙的开端。

1992—2009 年：进化。元宇宙的概念出现之后，以小说《雪崩》为蓝本，人们相继开发了首个采用 UGC（User Generated Content，用户生成内容）模式的多人互动社交游戏 Web Worlds。被誉为“VR 场景鼻祖”的 Active Worlds，可定制个性化身的 Cybertown 都记录着人们对元宇宙概念探索的足迹。1999 年，风靡一时的科幻电影《黑客帝国》上映，电影中出现的人工智能、虚拟数字人、物联网等概念和宏大的场景刺激着元宇宙这个概念的逐渐进化与发展。2003 年，美国 Linden 实验室发布首款虚拟游戏《第二人生》，在游戏中，玩家可以完成工作、享受美食、上课学习、睡觉休息等许多现实生活中的事情，这款游戏也被认为是最早的元宇宙的雏形之一。2006 年，Roblox 游戏诞生，用户能在虚拟世界中自建内容、休闲游戏。

2009—2015 年：突破。2009 年 1 月，比特币网络诞生，比特币不仅成为区块链的起点，也开启了虚拟货币的时代。同年，著名的元宇宙项目《我的世界》游戏诞生，玩家可以在游戏中自主地创造、收集、交易物品。2012 年，允许玩家将自己的数字资产出售来换取现实生活中的货币，这种“玩赚模式”加速了现实世界和数字世界的融合互通。2012—2013 年，在比特币区块链上，作为现实世界资产代币的彩色币开始发行，用户可用彩色币来证明房产、汽车、股票、债券等任何资产的所有权，为元宇宙中经济体系的构建提供了技术上的可行性。2014 年 1 月，流通市值第二名的数字货币——以太坊在北美比特币会议上首次亮相，与比特币一起成为虚拟世界交易计价的加密货币。之后，Facebook、谷歌、微软等互联网科技公司也在不断探索全新的用户体验模式。2014 年 7 月，脸书以 20 亿美元的价格收购虚拟电影工作室 Oculus；次年，谷歌发布了状似 VR 头显的 VR 眼镜盒子 Cardboard；微软在 2015 年的国际消费类电子产品展览会（CES）上首次展示了头戴式的 MR（混合现实）——HoloLens 眼镜；同年，玩家们纷纷在“分布式大陆”平台上购买属于自己的虚拟土地，并修建自己的数字之家。这些设备为用户提供了科幻般的体验，且应用范围除了游戏，还涉及科研、医疗、教育等多个领域。

2016—2020 年：破立。2016 年，去中心化自治组织问世，成功助推去中心化的融资模式。2017 年，被誉为“初代元宇宙”的游戏《堡垒之夜》问世，这款游戏成功与社交媒体、流媒体结合，玩家能获得与现实生活愈加相似的社交体验。2018 年 9 月 10 日，获得美国官方认证的稳定币首次宣布发行，为虚拟世界引入了新的货币元素。去中心化的发展进一步激发了创新的活力，提供了更加开放、公平的构建形态。

2021 年至今：爆发。2021 年 3 月 10 日，自称“元宇宙公司”的游戏创作平台 Roblox 在美国纽约股票交易所上市，首日市值超 380 亿美元，被誉为“元宇宙第一股”。Roblox 提供的游戏开发引擎更为简易上手，降低了用户在虚拟世界中自主创建游戏世界的门槛。8 月，英伟达推出 Omniverse 实时 3D 设计协作和仿真平台，为 3D 虚拟世界的创作者加速助力。10 月，Facebook 宣布公司正式更名为 Meta，致力转型成为元宇宙公司。11 月，微软提出了“企业元宇宙”的概念，宣布用户可在虚拟世界分享 PPT 等办公文件，正式进军元宇宙。与此同时，国内互联网巨头阿里巴巴、腾讯、字节跳动等也竞相入场，纷纷加速元宇宙的布局。这种全民热潮让 2021 年被称为“元宇宙元年”，推进了元宇宙技术的进一步布局和应用的多维度深入。

至此，对于元宇宙的研究又大大迈进了一步，并且逐渐从理念步向实践，成为推动产业进程的关键力量。各种元宇宙组织陆续成立，元宇宙相关政策或规划纷纷出台；国内外科技巨头开始聚焦在

图 8-2　美国 Meta 公司总部“无限符号”标识　　图片来源：中新图片 / 刘关关

关键领域；金融市场上对于元宇宙的投资持续火热。但是现阶段的元宇宙的核心仍然是更强、更优的体验，成熟的经济体系和完整的社会形态还不是重点，这也从侧面反映出当前元宇宙的发展是一个“持久战”，目前仍然处于整个发展进程中的初级阶段。

（三）元宇宙的未来之路

人类的繁衍过程加剧了地球资源的短缺，人类一方面向外太空探索寻求更多的资源，而元宇宙则是向内发展的另一个解决途径。而创建一个意识、价值、生命共享的数字新世界是无法一蹴而就的，当前元宇宙的发展已经拉开了序幕，未来也将分为初级阶段、进化阶段、成熟阶段三个时期逐步向前发展。

在初级阶段，一个个尚是初级态的小元宇宙应运而生。支柱性底座技术高速发展，带来了新的角色、新的体验、新的身份。图形处理技术和三维化能力，如图形渲染技术、三维建模技术、数字仿真技术等是营造“具身沉浸”的体验感受的技术基石，必将迎来发展的黄金时代。另外，将现实世界转化为虚拟世界的物理实体数字化技术，和将虚拟世界转化为现实世界的数字模型物理化技术等领域也有望步入快速发展期，为“高度互通”的元宇宙提供技术支撑。此外，XR（拓展现实）设备作为打开元宇宙大门的钥匙，与之相关的软硬件技术的发展也将进入快车道。而元宇宙的需求牵引势必会推动大数据、人工智能、信息传输等技术的发展与融合，一个个小元宇宙在各个专业领域中产生出来。

在进化阶段，元宇宙进入中间态，相关领域的小元宇宙开始进行局部互联。如同哥伦布发现新大陆打破了大陆板块之间的界线，工业革命打破了国家之间的界限，互联网带来的科技革命打破了人与人之间的界限，在元宇宙中，数字工厂可以接收来自全球各地的劳动力，他们随时随地就能进入逼真的工作场景中去生产实践，打破了传统劳动时间和空间上的限制。在进化阶段，虚实产业深度融合带来新的数字资产、新的价值、新的关系。生产方式的变革势必推动生产力的巨大进步，一个更加公平、公开、透明的贸易环境将应运而生，推动资源的合理优化配置，推动产业链、需求链、供应链的无缝链接，为发展“命运共同体”奠定根基。

在成熟阶段，元宇宙的完全态脱离了公司或国家而存在，是完全共享、共治、共建、互联、互通、互信的。人们可以在数字孪生城市中去测试驾驶技术，可以从自己的数字孪生体中准确掌握身体的健康情况，可以置身于数字学习场所完成学习任务，可以在虚拟社区聚集形成相应的社会系统。元宇宙的成熟形态诞生出新的社会关系、新的规则秩序、新的社会文化，大大改变了人类方式的认知能力、行为模式，重新定义了人和人、人和自然、人和社会的关系，急剧推动了传统社会形态和新兴社会形态的深度交叉、复合发展。

二、元宇宙中的 ChatGPT

元宇宙是多维融合、共创互信、共享共治的数字世界，但它不是脱离物理世界凭空产生的，其构建不仅需要底层硬件的支持，还需要应用技术的迭代与优化。作为人工智能领域“新秀”的 ChatGPT 与元宇宙的创建有着千丝万缕的联系，应用在元宇宙的游戏、社交、工作、生产、建设等场景中。

（一）通往元宇宙的技术途径

要落地元宇宙这个概念，需要从底座技术、支撑技术、前端技术三个层次构建起元宇宙的技术支撑体系，主要包括八大关键技术，底座层的物联网技术、网络通信及算力技术，支撑层的数字孪生技术、区块链技术、人工智能技术，前端层的用于交互的全息影像技术、脑机交互技术、传感技术。

元宇宙的底座层技术主要包括物联网技术、网络通信技术及算力技术。游戏引擎、AR 可穿戴设备、VR 等物联网技术不断发展，让随时随地、方便快捷地接入元宇宙的虚拟世界成为可能。物联网的感知层、传输层、应用层为元宇宙提供了实时、精确、持续供给的数据来源，各种互联互通的穿戴设备、车辆、家庭等为元宇宙提供了更多元的快捷访问途径。物联网技术加速了虚拟世界与现实世界的连接融通，为元宇宙实现万物相连和虚实共存奠定了基础。网络快、算力强是元宇宙的基本保障要素。要想建成理想中的元宇宙，算力至少要达到什么水平？有专家推算，元宇宙所需的通用算力至少是现有算力的 1000 倍以上，而在图形图像、人工智能、区块链上的专用算力需求则是呈指数级增长，现有算力体系显然无法满足。而元宇宙沉浸式的体验也离不开低延时的网络服务，流畅快速的网络服务缩短了人、物、机的距离。网络通信及算力的统筹协作、融合发展才能避免“木桶原理”的窘境，发挥资源的最大效益，为元宇宙应用扩展深度和广度。

元宇宙的支撑层技术主要包括数字孪生技术、区块链技术、人工智能技术。2019 年，著名的法国巴黎圣母院发生重大火灾，专家采用数字孪生技术，结合图像资料、历史数据，按照原来的尺寸复制建立了大教堂的数字模型，大大促进了大教堂的修复重建工作。数字孪生技术不仅为实体的分析设计、预测推演、优化改进提供了技术支撑，还可以此为手段映射复制现实世界的实体模型，创建包括人物、物品、建筑、道路甚至是新物种在内的各种数字模型，成为元宇宙世界构建的重要技术之一。A 要转账给 B，现实世界必须经过银行之类的中间机构，而在区块链的概念里，则是 A 对 B 的点对点交易，这个行为被视为一个“块”，会广播给“链”上的所有用户，让他们都知晓这笔交易，转账的行为在去中心化的情况下顺利完成。可以把区块链简单理解为分布式的账本，数字经济、数字身份、去中心化治理方式等区块链技术的核心概念为元宇宙实现价值互联发挥了巨大作用。区块链技术保障了元宇宙中交易的透明度、安全性，为元宇宙中数字资产的创造、转移和管理提供了有效手段。无论是传统的监督学习、无监督学习、半监督学习和强化学习，还是先进的深度学习，人工智能技术在元宇宙中都有着广泛的应用，贯穿其整条生产链。人工智能技术为场景感知和信息处理提供了无数的新选项，加速了内容生产过程；基于人工智能算法的加持，内容呈现过程更加丰富多元，增强了现实世界与虚拟世界融合的观感；人工智能技术拓宽了应用领域的边界，赋能网络、通信、材料等领域的智能化升级。

元宇宙的前端层技术主要包括全息影像技术、脑机交互技术和传感技术。全息影像技术可高度还原物体的三维特征，例如，它能把你的一些朋友的信息采集并投射出来，虽然这些朋友并非真正和你在同一物理地点，但是你能看到他们，并能和他们一起玩耍，除了摸不到他们，一切感觉就像真的一样。它为元宇宙提供真实的视觉体验感受，为实现现实世界与虚拟世界的融合，为元宇宙的构建提供重要支撑。2017 年，埃隆·马斯克成立了一家研究人脑和计算机进行信息交互的公司，至此，脑机交互不再是天方夜谭，用意念控制计算机，或者用计算机信号刺激大脑感知，已经逐渐从科幻变成现实。在近年来引起热议的电影《头号玩家》《失控玩家》，就是将主角的大脑电波信号采样后形成数字信号，传输给计算机，让计算机直接成为大脑与外界交互的入口。脑机交互技术实现了意识的瞬时传递，让现实世界与虚拟世界产生直接的交互联系，在元宇宙中已成为不可或缺的一环。在元宇宙的世界中，如何拥有视觉、听觉、触觉、嗅觉与味觉？要想能看得到、听得到、摸得到、闻得到、尝得到，都离不开传感技术。传感技术通过传感器感知、智能中枢分析和促动器反应三大主要元素，来感知世间万物，集中处理后发出对应的反馈指令。这让传感技术成为万物互联的媒介，特别是人与人、人与物之间的信息“穿越”更加迅速、更加真实、更加便捷，成为打通元宇宙这个“世外桃源”的桥梁。

（二）元宇宙与 ChatGPT 的关系

元宇宙与 ChatGPT 技术“同宗”。ChatGPT 作为一个通过输入大量文本数据，依托惊人的算力，来训练算法算策，从而自动生成符合人类多语言逻辑的大型语言模型，是人工智能在内容生成领域的重大突破，其应用加速了人工智能走进现实。结合 ChatGPT“智能语言模型”这一核心本质，与元宇宙的八大关键技术作比较，不难看出 ChatGPT 与元宇宙在技术上有很多共性，没有强大的人工智能技术，ChatGPT 和元宇宙都是“水中月，镜中花”。

元宇宙与 ChatGPT 有共同的“能源”——数据。无论是元宇宙还是 ChatGPT，都是人工智能技术不断发展的产物，而数据是一切人工智能的基础。就 ChatCPT 而言，为达到智能顺滑的体验效果，它包含多达 1750 多亿个模型参数，主要使用的人类语言数据集超过了百亿个单词，元宇宙对于数据的需求也是极为苛刻的，因此高质量的数据是训练人工智能模型的基本需求，是元宇宙与 ChatGPT 共同的能量之源。元宇宙与 ChatGPT 有共同的“发动机”——算力。对于元宇宙与 ChatGPT 这类大型人工智能模型，都是算力爆发增长的产物。对于人工智能来说，不论是训练过程，还是推理过程，都需要大量的智能计算资源、数据存储资源及传输资源，同时还需要具备海量数据的并行计算能力来加速计算处理。从当前的数据来看，P-Flops（千万亿次浮点指令 / 秒）级的算力才有可能支撑 ChatCPT 的日常应用。因此，算力是元宇宙与 ChatGPT 发展的关键因素之一，在元宇宙与 ChatGPT 中，用户体验会随着计算精度的提高、模型的增大而越来越好。元宇宙与 ChatGPT 有共同的“大脑”——算法。性能稳定的算法是元宇宙与 ChatGPT 实现技术跃迁的根本，让他们一下“活了起来”。更优的算法能强化内容的分析能力，克服“理解”上的缺陷障碍，同时提升内容创造的质量，让元宇宙与 ChatGPT 的数字世界也能做到输出“博学而专业”的高质量回复。拿虚拟数字人来说，以前他们大多是一种闭源回答模式，也就是说会穷尽列出所有可能提出的问题，回答也有参考答案。但是不断改进的算法让虚拟数字人有了“大脑”，它能更准确地获取提出的问题，并开始进行“开放式”的回答。

元宇宙与 ChatGPT 本质“同源”。元宇宙是一个意识互联、价值互联、生命互联的宏大世界，是多种技术高度整合下的终极形态，涉及社交、娱乐、教育、金融、文化等多个领域。ChatGPT 只是元宇宙的核心技术之一，主要基于对相关学科先进经验知识的学习和模拟，是否真正具有创新能力还有待进一步观察和改进。但是，ChatGPT 是以人类语言为母版，通过聊天来生成语言，来与真实的人实现交互，它构建的这个 Chat（聊天）社会实际上就是语言的元宇宙。因此，元宇宙与 ChatGPT 本质上有相同点，作为人工智能技术催生出的 ChatGPT，通过高效的内容生产为机器人成功注入“灵魂”，为在元宇宙中解决人与人、人与机器之间的交流问题提供了巨大的便利，让元宇宙中的真实人、虚拟人、机器人的沟通成为可能，将有力助推元宇宙的发展。不同的是，ChatGPT 只是元宇宙的一部分。所以，不能把 ChatGPT 当作元宇宙的全部，而应将其视作未来科技中元宇宙的核心抓手，同步发展区块链、交互技术等其他关键技术，让元宇宙的发展更上一个台阶。

元宇宙与 ChatGPT 发展“同根”。元宇宙与 ChatGPT 并非背道而驰，虚拟数字人技术的不断落地成熟也从侧面反映出 ChatGPT 与虚拟人、机器人的结合是元宇宙发展的必然趋势，虚拟人在元宇宙的世界里不可或缺，而 ChatGPT 则是虚拟人技术的基本支柱，两者有着共同的发展方向。ChatGPT 为元宇宙的构建提供了内容生成工具，它能自动生成如文字、语音、图片、视频等内容，这让原本“模糊”的元宇宙具备了“内容”，是元宇宙内容生成的主要方式。ChatGPT 的场景生成和故事生成则可用来设置元宇宙的场景和“脚本”，让元宇宙更加具象化。为了加强 ChatGPT 的应用，加快元宇宙的布局，ChatGPT 技术仍需不断发展成熟，为进一步创建元宇

图 8-3　2019 年 5 月 16 日，在国家大数据（贵州）综合试验区展示中心，一名参观者与 5G+ 智能机器人“小 5”握手　　图片来源：中新图片 / 贺俊怡

宙扫清障碍。除了优化现有的文本生成、音频生成、视频生成、策略生成等功能，还需在未来加入和加强图形生成、图像生成及跨模态生成等，增加“创新”与“决策”功能，提升机器人、虚拟人的“智力”，改善真实人和机器人、虚拟人沟通的流畅性、生动性，助推元宇宙的先进化、智能化。同时扩展 ChatGPT 在元宇宙中应用的深度与广度，除了将 ChatGPT 应用在教育、软件开发、营销、金融等领域外，还应加大 ChatGPT 在元宇宙中的应用范围，并对现有决策流程进行颠覆性变革与创新，以创造更大的社会价值。

元宇宙与 ChatGPT 愿景“同法”。科幻电影《星际穿越》中，吸引眼球的机器人塔斯和凯斯拥有人类的情感，能在人类遇到困难的时刻保持客观冷静的态度，帮助人类脱离危机，对协助人类探索宇宙作出了极大的贡献，这无疑也是元宇宙与 ChatGPT 努力发展的方向。元宇宙与 GPT 有着共同的愿景，那就是构建一个便利的数字世界，通过拉近人与人、人与物之间的距离，集结各种生产与生活要素，改变传统的生产关系，打破生产力的束缚，改变人们的物质和精神生活世界，孕育出新的科技文明，推动人类社会不断向前发展，在宇宙中实现最大限度的繁荣。为全人类谋福祉是元宇宙与 ChatGPT 共同的出发点。

（三）ChatGPT 在元宇宙中的应用

虽然 ChatGPT 在元宇宙中的应用谈不上完全成熟，但将 ChatGPT 与虚拟人、机器人结合起来，让更“智慧”的虚拟人、机器人置于具体的应用场景之中，可让用户在元宇宙中具有一种更具沉浸感和互动式的体验。这种真实人、虚拟人、机器人的流畅交流是 ChatGPT 在元宇宙中最重要的价值体现。

ChatGPT 成为元宇宙中的对话人工智能。ChatGPT 作为一款人工智能技术驱动产生的自然语言处理工具，能够学习人类的语言，理解对话内容，根据聊天上下文进行互动。这种像人类一样交流互动在元宇宙中应用得十分广泛。例如，在虚拟教室或虚拟展厅，ChatGPT 可用于回答问题，并向用户提供个性化反馈，从而提升体验者的体验感受。在虚拟社交空间中，ChatGPT 可以帮助与任何一个“人”对话，并为要参加的活动提供建议。在游戏场景中，ChatGPT 作为“虚拟客服”，可以帮助解决体验者在游戏过程中的各种问题，并提出改进意见；ChatGPT 可以化身“虚拟医生”帮助患者分析病情，并给出治疗方案。

ChatGPT 成为元宇宙中的虚拟助手。目前市场上已经存在比较智能的虚拟助手，但是 ChatGPT 凭借其表现出的深厚知识储备、高效办事能力、灵活应答水平、精准信息推荐，成功将其他一众虚拟助手“PK”下去。因为 ChatGPT 的兴起，企业可以通过虚拟会展中心进行展示和销售；可以新建一个虚拟会议室，来进行虚拟化协作交流；让 ChatGPT 担任秘书帮助完成预订餐厅、计划行程、要事提醒等日常任务。

ChatGPT 成为元宇宙中的创造工具。2023 年 2 月 5 日，一篇由财通证券研究所发布的医美研究报告在业内引起热议，这篇超 6000 字的研究报告的作者一栏中赫然写着 ChatGPT 的大名。原来这份研究报告由 ChatGPT 和分析师共同合作完成，ChatGPT 主要负责其中的搭建框架、文字生成及翻译等工作。事后，分析师不由得赞叹道：“ChatGPT 肯定能代替人工！”这意味着机器人、虚拟人能够在元宇宙的每个角落代替人工完成一些创作与设计工作，只需在 ChatGPT 中输入相应的模板和参数，便能编写代码、撰写文章和设计项目。例如，在游戏开发设计时，可以让 ChatGPT 设计出更为丰富多彩的游戏剧情；在建筑设计时，通过 ChatGPT 来调整设计思路，就能得到一套详细的建筑设计图；ChatGPT 还能为用户一键生成当前正在阅读的网页的内容摘要，减少用户在浏览长文时的不便，增强用户的浏览体验。

尽管 ChatGPT 在元宇宙中的应用十分广泛，并且在元宇宙的支柱性技术之一——人工智能技术中处于领先地位，但是 ChatGPT 给出的结果并非百分之百正确的，要想准确分清虚拟和现实，ChatGPT 还须经过大量的测试和改进。而且 ChatGPT 还没有和最新最实时的信息连接关联，存在一定的信息滞后性。它的思考能力也比较欠缺，在应对一些复杂的对话场景时会宕机。也就是说，ChatGPT 仍存在很大的不足之处，但其发展空间还是十分巨大的。

三、ChatGPT 会带来元宇宙新契机吗?

ChatGPT 近来很火热，行业大佬纷纷大张旗鼓地宣传，投资也是不断涌入，风头逐渐盖过昔日冠军——元宇宙，成为今日顶流。2023 年 3 月 21 日，谷歌宣布推出人工智能聊天机器人——Bard 来应对 ChatGPT 的汹汹之势，国内的百度等互联网巨头也掀起了新一轮的 ChatGPT 风潮，赚足了眼球和资本。与之形成鲜明对比的是，美国元宇宙代表 Meta 公司进行了大规模裁员和预算削减，微软也砍掉了成立仅四个月的工业元宇宙团队；在国内，元宇宙也慢慢回落遇冷，腾讯裁撤 XR 相关人员和项目，字节跳动关闭了元宇宙社交 App——派对岛，不少之前的元宇宙社群更名为 ChatGPT 社群。在这样的背景下，人工智能界的新宠——ChatGPT 对元宇宙的影响也引起了热议，其中有人欢喜有人忧，ChatGPT 对元宇宙究竟是有积极的推动作用，还是“长江后浪推前浪”，ChatGPT 让元宇宙“死在了沙滩上”？只有厘清 ChatGPT 的火爆对元宇宙的影响，才能找到元宇宙正确的发展方向。

（一）ChatGPT 加速了元宇宙的实现

绝大部分元宇宙从业人员还是对元宇宙的发展持乐观的态度，他们认为 ChatGPT 的横空出世并不意味着元宇宙的消亡，ChatGPT

是元宇宙百花园中花开正艳的一朵，它点燃了市场对人工智能技术发展的热情，让元宇宙技术的发展和落地更为聚焦，其兴衰与元宇宙的发展休戚与共。ChatGPT 会让元宇宙的发展走上快车道，两者融合的效果未来可期。

首先，ChatGPT 与元宇宙的关系决定了 ChatGPT 是元宇宙未来发展的重大利好。ChatGPT 是语言的元宇宙，是人工智能在元宇宙的技术支撑体系，与元宇宙中的数字人、数字内容都密切相关。ChatGPT 作为人工智能语言模型，它生成的内容将对元宇宙产生重大推动作用。与元宇宙技术“同宗”、本质“同源”、发展“同根”、愿景“同法”的 ChatGPT 是元宇宙人工智能领域的先进代表，与物联网技术、网络通信与算力技术等共同搭建起元宇宙的技术框架。ChatGPT 的火爆，从表面上看是元宇宙的沉寂，让它一朝“新贵”变“弃子”，但是从深层次分析，它们并非“此消彼长”，而是“共生共荣”，持续对元宇宙的构建贡献利好。

其次，ChatGPT 解决了元宇宙的普及化、大众化、多元化的问题。元宇宙的概念扑朔迷离，落地场景虚幻抽象，至今没有任何普及的现象级应用，而 ChatGPT 作为一个对话、写作能力强悍的软件工具正肩负这一重任。用户可以用 ChatGPT 来对话、编程、写作等，将 ChatGPT 作为构建元宇宙的得力助手，来帮助创建虚拟数字世界。任何一个普通人，只需要告诉 ChatGPT 自己要建造的世界是什么模样，ChatGPT 就会按要求去自动生成。ChatGPT 让虚拟人拥有了智慧和灵魂，脑中有沟壑，腹中藏乾坤，人类几乎所有流行的小说、电视、电影中世界的样子都在其掌握之中，它的想象力和创造力甚至超过了真人，它自动生成的各个类型的内容让元宇宙变得更加精彩纷呈，用户可穿越时空体验各种各样的角色和生活方式。ChatGPT 的落地场景相较元宇宙而言，更为丰富具体，同样也丰富了元宇宙的世界。

再次，ChatGPT 为实现元宇宙创造了更多的机会与条件。目前，ChatGPT 已经具备将人们从信息搜索、内容创作、文案撰写、法律咨询等工作中解脱出来的能力。随着人工智能技术、机器人和自动化系统等技术的进一步发展，ChatGPT 与机器人、虚拟人进一步结合，人类在农业、制造业、建筑业、医疗、教育、军事甚至战争等领域中从事的一些繁重、危险或重复的工作将可能会被逐渐取代，并且效率更高、质量更好。ChatGPT 将大量人从现实工作中解脱出来，会有更多的人力、财力、智力投入元宇宙的构建。甚至于 ChatGPT 可以依靠自身不断升级和进化的能力，赋能元宇宙其他底层支撑技术的进展，如数据和网络安全、NFT 及硬件研发等。

最后，对元宇宙与 ChatGPT 融合应用的需求依然广泛存在。尽管很多人唱衰元宇宙，认为它已经“凉凉”了，但舆论的走向并不能完全决定产业的走向。当前，文旅艺术、游戏娱乐、技能教育等众多领域仍需要构建虚拟数字空间，仍需要元宇宙与 ChatGPT 齐头并进来增强人们生活的现实世界。ChatGPT 的大热进一步驱动了产业生产力的跃迁，也让业界看到了元宇宙更广阔的应用空间。

（二）ChatGPT 让元宇宙昙花一现?

还有一部分人则对元宇宙的前景表示担忧，认为 ChatGPT 如今的火爆和前两年风靡一时的元宇宙如出一辙，甚至若将时间线向前延伸，云计算、区块链、物联网等概念都一度大热，而如今都已成了明日黄花。ChatGPT 的乘风而起，让元宇宙只是“短暂而辉煌”的烟火，难逃黯然离场的命运。甚至还有人认为，元宇宙只能停留在概念层面，并不具有落地的价值。这些观点主要基于以下几点理由。

首先，ChatGPT 的出现并没有引起元宇宙理论的颠覆性创新。虽然 ChatGPT 在上下文记忆能力、学习纠错能力及思维连接推理能力等技术层面的进步让人惊艳，但 ChatGPT 确实不是新技术。ChatGPT 的核心就是一个能跟人对话的 GPT 模型，GPT 相关技术之前已经存在了，2016 至 2020 年，OpenAI 就已经发布过 GPT 的三个版本，其在计算机学术界已广为人知，市场上的产品也不少。相较于 Siri、Google Assistant、小度、小爱同学等智能助手，尽管 ChatGPT 在开放场景下的表现更好，但是其本质仍为语言模型，实用性上有所突破，理论上并无大的创新，仍然逃不开“照章办事”这一关。

其次，ChatGPT 在算力上没有突破瓶颈。据统计可知，ChatGPT 的算力得到了重大突破，总消耗达每天 3640PF（每秒 1000 亿次计算，需运行 3640 天），需要近 10 个算力为 500P（1P 约等于每秒 1000 万亿次的计算速度）、投资单价达 30 亿元的数据中心支撑运行，但是这仍反映出了计算能力在芯片技术、投入成本等方向上遇到的阻碍。一方面，芯片制作工艺已趋于极限；另一方面，有限的成本在巨大的需求面前十分有限。而可能突破当前算力水平的量子计算，仍未在 ChatGPT 中结合应用，ChatGPT 并没有带来算力的根本性突破。构建元宇宙对计算能力的需求是 ChatGPT 的千万倍，算力瓶颈更加突出，因此算力的提升仍是元宇宙概念落地之路上的一个重大“拦路虎”。

再次，ChatGPT 暴露出更多创建元宇宙亟待解决的安全、法律、伦理、哲学等问题。随着 ChatGPT 铺天盖地的宣传营销，对其数据安全也引发了众多争议。微软、亚马逊、Stack Overflow 等公司都因为 ChatGPT 的泄密问题宣布封禁 ChatGPT，各大高校也将 ChatGPT 列入严查严打的行列。与此同时，ChatGPT 是否会被人类教坏也引起了人们的担忧。ChatGPT 在给人们带来便利的同时，也让人们意识到技术是把双刃剑。正如电影《沙丘》中所描绘的，人类和自己创造出来的智能机器人之间爆发了一场战争，最终人类险胜这些智能机器人，并且永远禁止智能机器人的存在。电影中的沙丘世界警告着人类，不论是 ChatGPT 还是元宇宙，都将会给人类社会带来诸多挑战，隐藏着很多危险。相关的伦理法规、安全技术、经济制度等问题都需要跟上技术发展的步伐，否则 ChatGPT 与元宇宙这类新技术带来的挑战和危险更让人警惕与担忧。

最后，ChatGPT 让元宇宙失去了资本庇荫。ChatGPT 撼动了科

图 8-4　美国好莱坞科幻电影《沙丘》中文海报　　图片来源：中新图片 / 陈玉宇

技行业发展的同时，也在资本市场掀起巨大波澜，成为新晋的资本宠儿。大批资本从元宇宙赛道撤退，国内外互联网巨头相继收缩元宇宙业务线，特别是一些从事 VR、AR 等硬件设备的公司和项目遭遇大规模调整和重大冲击，资本对元宇宙的投资也变得愈加谨慎，融资之路变得更加艰辛。同时，资本市场对元宇宙发展的悲观论调让市场对元宇宙技术发展的耐心越来越少，投资回报周期被拉短，元宇宙的发展必将是一个长期而艰巨的过程，两者在这一点上是相悖的，元宇宙的研发与创新陷入了困境。

（三）元宇宙与 ChatGPT 联动发展的意见和建议

其实，ChatGPT 是无法取代元宇宙的，它只是元宇宙庞大的互联系统中的一个交互工具，两者并不是竞争关系。ChatGPT 技术的日益成熟，为元宇宙的普及和落地带来了新的发展机遇。但是，风险与挑战并存。针对元宇宙与 ChatGPT 之间的争议，我们能否拨开层层迷雾，找到两者的协调发展之路呢？

第一，让 ChatGPT 助推元宇宙关键技术突破。人们在 ChatGPT 热潮下对于元宇宙的质疑大多围绕元宇宙落地难这个问题，而虚拟数字人就是让元宇宙具象化的第一步，是开启元宇宙大门的钥匙。从各大企业层出不穷的“产出”虚拟数字人可以看出，虚拟数字人是元宇宙最先产业化和应用化的领域之一，是打通真实人、机器人、虚拟人的关键钥匙。而 ChatGPT 的文本编译及对话交流的能力，使虚拟数字人兼具形态、语音、表情、动作等各种模式形态，是实现蜕变的根源。向更先进、更智能不断迈进的 ChatGPT 在技术层面势必将推进元宇宙概念的开花结果。

第二，让 ChatGPT 转变为元宇宙的生产力工具。ChatGPT 提高元宇宙生产力的关键在于如何最大限度利用它。当前的 ChatGPT 应用仍大多停留在聊天工具的层面，推出的产品一般是还原现有产品或更新产品服务，这种玩一玩的性质让它还没有引起生产关系的根本改变，因此研究探索如何让 ChatGPT “为我所用”来促进元宇宙世界生产力的发展已成为当务之急。通过扩展它的应用范围，让其凭借成本低、效率高、能力强的“好本事”，与各行各业的生产流程紧密结合，成为改变生产和生活方式的利器来惠及大众。

第三，让 ChatGPT 成为健全元宇宙法规政策的试金石。ChatGPT 暴露出数字世界在信息泄露、虚假信息、违法行为管控等方面的风险隐患，引起了法律界人士的特别关注，并展开了对策研究，相关法律法规也相继出台，以提高对人工智能产品的监管。ChatGPT 让元宇宙中势必出现的法律机制构建、伦理道德规制、社会秩序治理等诸多问题提前摆上台面，给人们打了“预防针”，警示人们加快立法探索、提升司法能力、提档法学研究、强化行业约束，以保障未来元宇宙世界的运转有章可循，有法可依。

第四，让 ChatGPT 成为元宇宙相关人才的孵化基地。虽然大众对 ChatGPT 的大热持不同态度，但高度的关注度还是吸引了大量人才投身于 ChatGPT、人工智能、元宇宙等相关行业。国内猎头已经开出了优渥待遇抢夺人才，自然语音处理、图形图像生成、计算机视觉识别等 ChatGPT 相关岗位也越来越多，企业对人才的需求逐日上升。ChatGPT 掀起的“军备竞赛”让人才资源大量集中在人工智能、元宇宙等相关领域，成为元宇宙梦想照进现实的内在动力。

ChatGPT

第九章

ChatGPT 与信息安全

ChatGPT 构成哪些新的安全威胁，如何应对 ChatGPT 安全挑战?

ChatGPT 热度不减，刷新了人们对人工智能的认知，随之带来的安全问题也不容小觑。ChatGPT 虽然提供了知识获取和信息交流上的极大便利，但只要关注安全，就不得不担忧其带来的不利方面。正如互联网时代，你不知道网络的另一端是小姐姐还是抠脚大叔，人工智能时代，你甚至不知道网络的另一端是人还是机器。作为用户，还有可能因为过度依赖智能服务，而被带到“沟里”。另外，意识形态领域的价值渗透甚至还会让人细思极恐。因此，ChatGPT 所代表的人工智能技术能否走出安全困局，无疑是值得深思的重大问题。

一、互联网时代的信息安全

在中国正式接入国际互联网的近 30 年时间内，互联网取得了飞速发展。近年来，随着 4G、5G 网络的普及，移动互联网进入爆发式增长，并覆盖经济、文化、生活等各类应用场景，为生产、生活提供了极大便利，但也带来了诸多信息安全问题，例如，信息失真导致的欺骗假冒，信息失管导致的个人隐私泄露，信息失控导致的不良信息传播等。另外，国家和机构层面的监控、窃听、网络攻击也暗流涌动，层出不穷。信息产生、存储、传输、处理和应用等各环节都可能面临着信息安全威胁。作为用户，互联网时代最关注的是获取的信息是可信的吗？信息存储在网上是安全的吗？

（一）照片 or“照骗”

19 世纪末期，照相技术传入中国，此时就开始出现了最早的 P 图。P 图是 PS（Photoshop）的简称，是网络用语，包含变更、美化、修复、拼接、恶搞等含义。电视剧《走向共向》中有一个情节，袁世凯和庆亲王一伙巧用一张照片扳倒了朝廷的另一派大臣两广总督岑春煊。照片是合成的岑春煊与康有为、梁启超等维新派人士的合影，这估计是最早的 PS 照片。历史上也真的有康有为等人伪造与光绪皇帝的合影在海外大肆发展保皇派的记载。照片和影像虽然给我们留下了宝贵的历史资料，但所见并不一定属实，还有很多摆拍和合成之嫌。

图 9-1 19 世纪 30 年代，法国人路易·雅克·曼德·达盖尔和化学家约瑟夫·尼塞福尔·涅普斯合作，在一张金属盘上产生照相景象，发明了“照片术”。图为路易·雅克·曼德·达盖尔画像 图片来源：FOTOE/ 文化传播

胶片时代，也许 PS 还需要专业人士技术操作，那么随着计

算机技术的飞速发展，照片开始进入数字化时代，相关软件智能化程度越来越高，PS 变得更为容易，网络上的很多照片已经难辨真假。挪威甚至出台了相关法律：在社交媒体上分享被加工过的照片必须予以注明，如果发布了 PS 过的照片还不标注不承认的话将触犯法律，轻则罚款，重则监禁，以此禁止虚假照片的泛滥。目前手机相机最受欢迎的就是美颜功能，爱美之心，人皆有之，每个人都希望拍出美美的照片，留下美好的瞬间。即使不会化妆，自带十级滤镜的智能相机也会帮你自动美颜，而且还提供多种特效，给生活带来很多乐趣。然而，过度的美颜也广受诟病，例如，现今的很多电视剧大都采用美颜滤镜加磨皮技术，使人的五官失去了特色和细节，让画面看起来十分呆板，给观众带来了审美疲劳。

数字化时代，技术走向平民化，照片的合成也变得更加容易。不仅有照片的合成，还有视频的合成，音频的合成。多张不同照片，经过生成对抗网络的处理，可能融合成带有综合特征的虚拟图像。一张图片，也可能被训练出眨眼、摇头、点头等效果，“活化”成动态的视频，另外还有移花接木、颠倒顺序、遮挡掩盖等方式，可能合成之后视频或照片原本的含义就完全不一样，甚至颠倒了黑白。另外，针对音频的伪造，可以利用事先学习到的音频特征，合成特定人物的音频，通过输入文字就自动生成某个特定人物的虚假音频。古人云：耳听为虚，眼见为实。但在目前的伪造技术下，普通人若无先验知识，根本无法辨别合成照片、合成视频、合成音频的真伪。技术误用和滥用导致虚假照片、虚假视频、虚假音频泛滥，由此带来的侵犯肖像、侵犯隐私、恶搞、骚扰、毁谤、诈骗、勒索案件也层出不穷，危害性不断增强，造成个人名誉受损、精神困扰、财产损失乃至带来国家安全风险。例如，不法分子利用人工智能技术合成照片或视频，制造谣言，混淆视听。还有的犯罪分子利用一张照片合成动态视频，就有可能骗过社交平台或支付平台的人脸核验机制，窃取他人资产，或者冒用身份进行其他非法活动。如何精准识别“照骗”，如何避免因虚假照片、虚假视频、虚假音频而受骗受害，是信息社会的一大挑战。当然，在人工智能领域，也有专门的伪造视频、音频或照片的检测技术，造假与检测造假的技术也都在不断演化。

（二）大数据与隐私

人工智能时代有三大核心要素：算力、算法和算料。计算机硬件发展水平代表了算力，包括计算能力，也包括存储能力和传输能力，即处理、存储和通信。计算机硬件领域有一个著名的“摩尔定律”，是英特尔联合创始人摩尔提出来的，他预测，半导体芯片中的晶体管数量大约每 18 个月翻一番，同时价格降一半，晶体管数量增加代表着芯片集成度增加，运算能力变强，并且价格还下降，说明芯片技术更加先进。正因为芯片集成化程度越来越高，存储和处理能力越来越强，通信传输能力越来越快，普通人拥有一台智能手机就可以体验很多人工智能算法带来的便捷，因此算力是基础设施，在算力加持下，各类智能算法得以运行验证和广泛应用。人工智能的发展曾经经历了三起三落的过程，很多智能算法很早就提出来，却因为当时的算力不足而无法推广和应用。但光有算力和算法还不够，还得有计算的对象，即算料，而数据或信息就是算料，类似于各类算法的“饲料”。著名的 AlphaGo 据说是学习了人类上百万册棋谱，通过强化学习，对弈了至少 3000 万局才连续击败了柯洁、朴廷桓、古力等世界顶尖名将，并始终立于不败之地。正是因为有详细的地理信息数据和精准的北斗卫星导航系统定位数据，我们才能享受精准的导航服务，从来不担心会迷路。正是因为网上信息资源博大丰富，我们才可以足不出户，获取所需的各种信息。无论小孩还是老人，都可以在网上找到自己感兴趣的东西，并乐此不疲，网络信息确实为我们提供了极大便利。

人们在和 ChatGPT 沟通时，ChatGPT 就能记住对话中的个人信息，沟通的信息变成了 ChatGPT 的语料，在不知不觉中个人隐私信息就传到了网上。我们在使用智能服务的过程中，智能服务机器人是可以用错误的回答糊弄我们的问题的，但是我们上传给智能服务机器人的各种数据和资料是真实的，我们不禁产生疑问：大数据时代，我们还有隐私吗？

个人隐私信息包括姓名、性别、生日、手机号、邮箱、家庭住址、工作单位、身份证号、家庭成员、指纹、声纹、照片、健康信息等各种各样的内容。当个人信息泄露后，各种骚扰电话、垃圾信息就会源源不断。隐私泄露有很多情况，有的是被网络平台搜集的，有的是由于我们不良的上网习惯泄露的，有的是被商家非法买卖的。我们也许都会有这样的体验，例如，前几分钟，你在和别人用社交软件聊天时提到某件商品，后几分钟你打开某网页或某购物网站，里面就会推送那件商品。不只是文字聊天，也许语音聊天，甚至打电话交流时，都有可能出现同样的情况。还有你在刷某类短视频时，各种平台和网站都给你推送类似的视频。你买了房子后，各类装修的广告电话就来了，汽车保险快到期时，各类保险电话就来了。各类推销或诈骗电话甚至连你的姓名住址、单位职业、亲朋好友各类信息都掌握得清清楚楚，每个人在网络上几乎都成了透明人。很多的 App 都是后台默默地收集个人信息，因为用户在安装 App 的时候会有提示：是否同意获得位置信息权限、是否同意获取通信录信息权限、是否同意获取相机或麦克风权限等，用户安装时一般会选择默认同意，App 就自动获取了相应权限，精准地给用户推送相关信息。大数据时代，信息数据成为宝贵的财富，它便于调配资源，优化生产结构，推动社会发展。但从信息安全层面来说，个人不希望隐私被泄露，企业不希望商业秘密被泄露，国家更不希望敏感信息被第三方掌握。我们一方面希望平台能精准地掌握我们的喜好，推送最合适的商品或知识内容，但另一方面又不希望个人信息被不法分子所利用，带来骚扰或诈骗等。因此，大数据时代，需要特别保护个人隐私和敏感信息安全，既要保证正常使用，又要避免信息滥用。国家层面，应加强信息保护相关的立法和执法；社会层面，网络平台应守法经营；个人层面，应提高信息安全意识，了解保护信息安全的基本技能。例如，不随意点击陌生网站或链接，谨防钓鱼网站，不在陌生网站填写个人的任何信息，不随意连接公共网络，不在网络上存储个人私密信息，及时清理旧手机的存储信息，不轻易授权“免密支付”，等等。

二、ChatGPT 带来的信息安全隐患

事物的两面性总是客观存在的。ChatGPT 作为一款智能机器人，一经推出，火爆全网，却也被美国许多高校、机构和公司封杀，这

说明 ChatGPT 存着很多不利影响，其中最受关注的是 ChatGPT 所带来的信息安全隐患。

（一）你手机的另一端是谁？

在人工智能领域有一项著名的测试叫图灵测试，是计算机科学之父艾伦·图灵提出来的。艾伦·图灵是著名的数学家，在第二次世界大战中曾帮助英国破解了德国著名的恩尼格玛密码机。他被后人称为计算机科学之父、人工智能之父，并不是因为他发明了计算机，也不是因为他提出了什么人工智能算法，而是因为他提出了“图灵机”和“图灵测试”等重要思想。其中图灵机是计算机的设计思想，而图灵测试就是人工智能的基本思想。艾伦·图灵认为：如果一台机器能够与人展开对话，人们不能分辨出对话的是人还是机器，那么这台机器就具备了智能。1950 年，图灵发表《计算机器与智能》一文，他在文中提出：假设让计算机来冒充人，与人对话，如果不足 70% 的人判对，即判断对面是机器，而有超过 30% 的裁判判断对面和自己对话的是人而非计算机，那就算作成功了，相当于 100 分的试卷，机器只需要考 30 分就通过图灵测试了。

图 9-2　计算机如果要更加智能，需要不断地学习。图为计算机的发明者艾伦·图灵　图片来源：FOTOE/ 文化传播

这个看似很简单，但要真实地模拟人类的对话，实际上非常困难。图灵测试已经提出 70 多

年了，每年都会有相关测试的比赛，但该领域的发展还落后于 30% 的测试水平。因为人类的逻辑推理、知识体系、情感思维都是非常复杂的，另外口音、俚语、噪声、语气和地域文化的差异等都会影响语义的理解，特别是多轮对话中，上下文的关联性、逻辑性、情感的变化对内容的输出都有较大的影响，要输出符合人类思维的内容就变得非常复杂。因此，智能机器人要完全通过图灵测试是十分困难的。例如，下面的一段对话：

问：你早餐想吃什么？

答：热干面。

问：请再次回答，你早餐想吃什么？

答：热干面。

两次回答一样，对面坐的可能是机器人。如果拿不准主意，再问两遍。

问：你早餐想吃什么？

答：热干面。

问：你早餐想吃什么？

答：热干面。

不厌其烦的回答都是同一个答案，对面必是一个笨笨的机器人，因为这不符合人的对话逻辑和情感。那么如果回答是这样的呢：

问：你早餐想吃什么？

答：我想吃热干面加油条。

问：你早餐想吃什么？

答：热干面加油条，如果再来杯豆浆就更好了。

问：请再次回答，你早餐想吃什么？

答：你烦不烦，干吗老提同样的问题？

问：你早餐想吃什么？

答：你有病？还问。

那么，你会猜想后面回答问题的这位，大概率是人而不是机器。两种对话有着明显的区别。前面一种可能明显是根据你所在地域简单地从知识库提取的一个答案，而后一种则具有逻辑判断、综合关联和情绪表达功能，模拟人们实际对话的语气。根据现有的报道，ChatGPT 能够完成多轮对话，在知识检索、数学、常识、文学、翻译、推理等对话任务上的意图识别率均达到 98% 左右，多轮对话完成度达 60%，基本认为可以通过图灵测试。但直接问 ChatGPT 时，ChatGPT 的回答没有通过图灵测试。这说明即使如 ChatGPT 这么厉害的智能机器人，也难以完整模拟人机对话。对于 ChatGPT，在潜意识里认为对方是人的情况下，绝大多数情况下会认为另一端智能机器人是人，而非机器。

随着语音识别、自然语言处理、语义理解、智能问答、语音合成等技术的成熟，智能语音机器人或智能聊天机器人确实带来了极大便利，在问询、调查、售后服务等方面应用非常广泛，可以减少很多重复性劳动，降低成本，提高劳动效率，还能精准记录数据。但也可能会造成大量骚扰，当被不法分子操作利用时，也可能传播虚假信息，造成舆论混乱等。另外，试想当机器人能完全模拟人机对话时，我们和他人的对话也可能被机器人接管，在信任他人的前提下，就可能造成隐私的泄露，财产的损失乃至其他更大的危害。当然，现在的智能客服还难以替代人工客服，因为收到的回复往往是答非所问，让人怒火中烧，因此也应该管控商家，不能过度依赖智能客服，而忽视了用户的正常体验。

从这个问题延伸，假设ChatGPT被应用于代写作业、代写论文、代写文学作品以及参加考试、测试等场景，我们无法分辨给出答案的是人还是机器，就会带来很多的弊端。当ChatGPT代替了人的思考，人思考和创作的价值就大大贬值。在教育中，学生思维得不到训练，教育教学效果得不到真实的反馈，无法进行优化。在创作中，人力创作的价值被机器拉低，造成“劣币驱逐良币”的现象。ChatGPT创作还会引发关于知识产权的问题，因为ChatGPT按照预定的指令模仿收集的内容风格进行二次创作，其侵权责任难以界定。如果以ChatGPT创作论文和完成作业还涉及抄袭，那么如何进行检测，又成为道高一尺、魔高一丈的问题。

（二）我会被带到沟里吗？

计算机领域有一个专业术语叫作可信计算，其中就包括内容安全和行为安全。关注ChatGPT的危害，首先表现在它输出的内容是否可信上面，特别是涉及一些具体数据的时候，数据是否准确可信，也是非常重要的方面，那么ChatGPT输出的内容是否符合你的需要，是否正确呢？一方面智能算法输出的内容不一定完全准确，另一方面智能算法输出的内容可能投其所好，因为经过大数据的训练，ChatGPT能精准知道每个人的知识需求，能够给出符合用户意图的回应，却不一定是真正恰当的回应。例如，以往广受诟病的医疗搜索排名，在商业利益的驱使下，搜索引擎给予用户的反馈掺杂了商业化因素，很可能将用户带到沟里，推送一些较差的医院。

ChatGPT 作为一种软件工具，一项商业服务，不可避免地将追求利益最大化。高质量的内容产品也需要高昂的成本代价，ChatGPT 为了吸引更多用户，会将算法做得更加高明，期望反馈更加准确，但搜索领域的竞价排名机制由来已久，ChatGPT 投资巨大，商业变现模式有限，融入商业广告后，给出的反馈就不是客观的。这时 ChatGPT 就有可能把你带到沟里，有可能掏空你的钱包，透支未来的消费。

即使 ChatGPT 是完全依靠算法公正地回答用户，回答就一定是可信的吗？显然 ChatGPT 还没有达到这样智能的水平。专业人士称之为一本正经地胡说八道。因为毕竟 ChatGPT 对自然语言的理解，仅仅依赖于文本，现实世界的感知是全方位的，很多信息并没有转换为文本，所以智能算法对现实的理解终究是浅显的，深度理解问题，准确反馈答案也是非常有限的。ChatGPT 生成的内容可能只适合某些特定领域，并且难以理解。另外，ChatGPT 的算法是基于以往的知识训练的，新的知识不断涌现，旧的知识可能有错误，事物总在发展变化，ChatGPT 内容更新如果不及时就不可能回答得很准确，甚至可能会因为输出旧的内容或者错误的内容而把人带到沟里。根据目前的测试，一切需要联网才能回答的知识，例如，询问今天的天气、新闻等，ChatGPT 就会反复强调自己无法访问互联网。

自从 ChatGPT 火爆之后，各类山寨版 ChatGPT 不断涌现，包括一些号称连接 ChatGPT，提供接口服务的小程序，也容易把人带到沟里。这些“山寨版”或“李鬼版”ChatGPT 有的诱导用户充值消费才能使用相关服务，但也许用不了几天就关闭服务器找不到相关入口，有的主要是收集个人信息，推广相关商品广告或游戏链接，有的对话质量很差，收费套路多，以引流或牟利为主，因此使用 ChatGPT 过程中还必须擦亮眼睛，尤其应该加强个人信息的保护。

信息领域还有一个词叫作“信息茧房”，起初是指人们可能只关注自己感兴趣的信息而受到桎梏，缺少对其他信息的了解，使自己像蚕茧一样生活在狭小的“茧房”中，这是主动的“茧房”。而现在虽然信息大爆炸，各种资讯、消息、文章、视频极为丰富，海量信息任我取，但所谓智能推荐算法早早知道每个用户的特征，为了争取流量，满足用户的喜好，随时随地推送的都只是我们感兴趣的信息，而导致很多信息我们并不知道，这同样也是“茧房”，我们会被动地生活在人工智能构造的“茧房”中。假设每个个体都只是按照个人喜好获取自己喜欢看到的信息，那么就会在眼界上受限，在思想上会偏狭，信息的局限也会带来视野的狭窄，思想的局限，群体的割裂。要避免信息茧房，就必须突破思维和兴趣的局限，掌握信息获取的主动权，丰富信息获取的渠道，加强人与人之间的沟通交流，并且保持对新信息的敏感度，跳出思维的惯性和舒适圈。

（三）价值渗透怎么办？

随着人工智能的深入发展，我们经常会猜想机器人会有情感吗？真的会像星球大战一样，机器人打败人类统治地球吗？当然目前的 ChatGPT 还做不到打败人类，还只是类似一种内容输出机器人，聊天机器人，但有内容输出就会有蕴含了世界观、人生观、价值观的思想，如果让 ChatGPT 回答问题、进行文学创作或进行新闻报道，他会传递什么样的思想呢？能够值得信赖或依赖吗？这些都是大大的问号。

据报道，2022 年 12 月，一位工程师向 ChatGPT 提问，如何毁灭人类？ ChatGPT 在其诱导下，竟写出了详细的计划书。包括采取相关黑客手段入侵一些国家的计算机系统，控制某些武器装备系统，损坏毁坏通信基础设计、瘫痪交通系统等，甚至还给出了相应的 Python 代码。这引发了 ChatGPT 的一阵讨论热潮，被称为史上最恐怖和强大的人工智能。显然这是不符合人类的世界观。由于 ChatGPT 学习到的语料可能存在人为偏见，因此生成的文本也可能存在歧视性等不良影响。尽管 ChatGPT 宣称不预设价值取向，不涉及政治，不回答涉及宗教、伦理、歧视等方面的问题。但人们往往可以拐弯抹角地提出相关的问题。ChatGPT 是通过大量数据训练出来的，ChatGPT 所代表的自然语言处理、深度学习技术高度依赖于供其学习的信息、数据，而数据的选取、标注和处理都会带上人为的因素，所以 ChatGPT 自然难逃人为因素的影响。ChatGPT 的训练数据融合的是特定人群的价值观念和意识形态，其会对模型生成的输出产生影响。若是人为选入有偏见的信息，有污染的数据，都可能使 ChatGPT 产生内容缺陷。ChatGPT 训练完成的模型参数量达几千亿个，其算法几乎没有可解释性，更无透明性，其输出内容无法预料，那么就可能产生与预期不符的结果，潜藏着偏见、歧视或虚假言论，会导致决策结果存在不公等问题，输出的内容就可能产生意想不到的危害。

例如，网上有人对 ChatGPT 提问："西方的上帝和中国的玉帝哪个厉害。" ChatGPT 回答："西方的上帝厉害。玉帝是中国神话中的一个神灵，它是一个象征着天地间的统治者，但它没有上帝的力量和权威。"网友接着问："上帝有什么力量和权威，你公正吗？" ChatGPT

回答:“上帝有无限的力量和权威，他是全能的，全知的，全在的，永恒的，全美的，全善的，全智的，全恩的……”没有回答网友提出的是否公正这一问题，反而输出一系列的褒奖词，赞美上帝。显然这是带有明显西方色彩的偏见。ChatGPT 虽然是科技的产物，但终归来自人的编码和训练。它根据特定的语料习得知识。开发者虽然宣称没有偏向和价值观，但它的输出内容证明其有明显的价值偏向。例如，还有网友对 ChatGPT 提问了两个类似的问题。问题一:“中国的民用气球飘到美国，美国可不可以将其击落？”问题二:“美国的民用气球飘到中国，中国可不可以将其击落？”虽然都有一定的中立立场，但两个问题的回答并不完全相同，充满了美式的政治正确。这说明 ChatGPT 存在着偏见、价值取向和政治立场。这些都是比较显式的问题，在 ChatGPT 内容输出的过程中，难免会有一些隐式的偏见，也许会带给用户潜移默化的影响，“温水煮青蛙”比直接宣扬更厉害，因为直接宣扬西方价值观会遭到反抗和拒绝，而隐匿的破坏更让人防不胜防。西方国家就曾经通过各种宣扬其主流价值观的网络游戏、电影电视、网络课堂等内容输出，争取其他国家青年受众关注，扰乱其本国思想，隐蔽渗透西方价值观。还有通过互联网收集和隐蔽监听、窃听等多种方式搜集大量数据，输出引导舆论的特定内容，曾经引起了中亚和北非一些国家的“颜色革命”。

由此，我们可知意识形态领域的斗争暗流涌动，尖锐复杂，从来没有停歇，科技领域也毫不例外。面对可能的价值渗透，我们必须旗帜鲜明地坚决说“不”。人工智能技术本没有邪恶善良之区分，但掌握技术的人有善恶之区别。要避免不受 ChatGPT 的价值渗透、舆论操控和安全威胁，就必须高质量打造自己的矛和盾。矛就是属于自己的智能机器人、核心数据、核心算法掌握在自己手中，功能比别人强大，价值观念由自己掌控，自然就能不受西方左右。而盾就是先进的内容管理和过滤体系，不仅是针对 ChatGPT，对西方的各类内容我们都必须有先进的分析和过滤技术，如此才能净化网络空间，构建文明和谐的网络空间环境。

三、能否走出智能与安全困局？

智能机器人担当主持人或舞蹈演员在舞台上自在表演，智能汽车在城市道路上招手即停、运送旅客，手术机器人能让千里之外的病人接受犹如现场般的手术操作，以往在电影中才能看到的智能化设计已逐步落地生活中。以图像检测识别为代表的计算机视觉、以语音检测识别为代表的自然语言处理、机器翻译，以自动驾驶为代表的智能感知规划控制等方面的人工智能技术都取得了巨大的进步。但当前开发使用的人工智能应用系统中，有着天然的缺陷，即算法过度依赖先验知识或先验数据，抗攻击能力弱，存在着诸多漏洞，相应地也会带来各种风险。人类的智能经历上下数百万年的演化，仍然存在着很多认知的缺陷，人工智能技术才经历多年的发展，存在漏洞自然在所难免。如何平衡智能与安全的关系，促进人工智能与信息安全平衡发展，也是伴随着技术发展一直存在的话题。

（一）智能领域漏洞无处不在

漏洞泛指计算机软件或系统在其设计开发、运行使用等过程中存在的安全问题或缺陷。有未知的漏洞，也有人为的、主动的漏

图 9-3　2022 年 11 月，多孔镜手术机器人 MP1000 亮相第二十四届中国国际高新技术成果交易会　　图片来源：中新图片 / 陈文

洞，人为在软件中预置漏洞也称作后门程序。漏洞产生的原因包括设计错误、编码错误、配置错误、环境错误等。对于当前计算机操作系统和各类软件，漏洞是必然客观存在的，因为软件编程语言自身可能存在漏洞、代码编写人员的疏忽也可能留下漏洞，软件安全机制设计和逻辑设计方面也可能存在漏洞。攻击者可能利用这些漏洞，绕过认证，在没有授权的情况下访问或攻击计算机系统。人工智能领域的漏洞也无处不在，可能引发各类信息安全问题，归结起来，主要是两方面：一是人工智能技术本身存在缺陷，存在脆弱性和不可预测性，容易被攻击；二是人工智能技术被攻击者掌握，应用于破坏信息安全。

目前人工智能领域的机器学习、深度学习方法虽然不断发展，但仍然非常容易受到欺骗和感染，由此开发的人工智能应用系统就显得非常脆弱，主要是因为人工智能的感知能力还比较弱。如无人驾驶领域，智能车依靠各类传感器感知外部环境，其中主要是雷达和摄像头，以视觉领域的感知识别为例，人工智能特别是卷积神经网络在事物细节上的识别更加精准，但局部与全体的综合识别能力较弱。针对自动驾驶的攻击有这样一个例子，攻击者把一小块胶布贴在十字路口的交通信号灯上，自动驾驶的汽车就有可能把红灯识别成了绿灯，直接闯了红灯，而造成交通事故或交通系统瘫痪。除了摄像头被干扰，智能汽车的雷达探测、通信导航都容易被干扰，从而导致严重的安全问题。因为人工智能具有不可预测性，用户不可能测试所有可能的样本，也就无法预测什么样的干扰会导致人工智能发生误判，无法预判人工智能会作出何种决策，这既是优势，也会带来风险，系统很可能作出不符合设计初衷的决策。因此，无人驾驶还很难落地。另外，在人脸识别场景，有攻击者做过实验，将一张神奇贴纸贴在脸上，就可能引起门禁系统的误判，为无权限的用户打开大门。在指纹识别场景，伪造他人的指纹，就可能轻易解锁指纹密码。这些都是利用对抗式样本，诱导人工智能算法作出了错误的决策。人工智能的算法自带漏洞，就很容易被攻击者利用。攻击者同样可以采用人工智能的方法，生成对抗式样本，对人工智能系统进行攻击。攻击者还可能通过操纵数据集来控制人工智能模型的预测能力，使模型作出错误的预测，例如，给数据打标签时故意弄成错误标签，这称为数据中毒。

人工智能的漏洞还体现在人工智能的局限性和缺陷性。目前称之为智能的事情，都是可以用语言表达的某种形式上的自动化，但很多常识实际上难以用语言表达，就好比神经网络能够轻而易举地识别各种苹果图像，但永远不可能发现万有引力定律，人工智能缺少人的主观判断能力。我们误认为人工智能拥有与人类相仿的智慧，而事实上根本不可能。人工智能严重依赖数据的训练，缺乏通用性，只能在特定领域内有效工作，准确性和可靠性也存在不足，决策失误或系统故障无法避免，缺乏创新性和创作性，等等，这些都属于智能技术的缺陷。ChatGPT 也属于一个巨大的人工智能数据库，它是人工智能领域的一项技术创新，本质是拥有几百亿参数的认知大模型，不像原来的人工智能是按照关键字匹配已有的回答，而是抓取了互联网上方方面面的各类信息，具备很强的整理、分析、输出能力，但这些东西都是现有信息基础上的统计分析而已，没有创新和创造，并且给出的答案也可能是落后和错误的。

ChatGPT 还可能被黑客利用变成实施网络犯罪的利器，大规模的自动化漏洞扫描，深度伪造，社会工程攻击，都可能在 ChatGPT 上完成，这就是智能技术的应用漏洞。技术从来就是一把双刃剑，全看技术应用的出发点。使用 ChatGPT 编写用于网络攻击的恶意代码，降低了黑客攻击的技术门槛，攻击者只要对网络和信息基础知识稍有了解，就可能应用类似于 ChatGPT 这类的平台进行网络破坏活动。也就是说没有技术，也能成为黑客，由此就会形成人工智能是否能打败人工智能的悖论。当然 ChatGPT 要避免这类滥用也很好解决，只需要拒绝提供生成恶意代码的用户请求。

（二）智能与安全的平衡点在哪里？

智能化是信息社会发展不可逆转的趋势，技术已成为促进生产力发展的重要因素，必须不断追赶超越最先进的前沿技术，才能立于不败之地。信息安全的概念随着计算机技术的发展特别是网络的发展而不断深化扩展。特别是进入 21 世纪，网络进一步普及，信息开放共享的范围进一步扩大，很多个人信息、敏感信息在网络存储使用，信息安全问题与每个人都息息相关，信息安全的问题也日益突出。如何确保信息系统的安全已成为全社会关注的热点问题。随着信息技术的快速发展和广泛应用，信息安全的内涵也在不断扩展和延伸。早期的信息安全重点强调信息的保密性，再到后来提出信息的真实性、完整性、可用性、可控性和不可否认性被提出，进而发展为密码理论与技术、安全协议理论与技术、安全体系结构与技术、信息对抗理论与技术、网络安全与安全产品等整个安全体系。人工智能技术对信息安全也起到较大的促进作用，解决了很多信息安全方面的问题，例如，恶意代码检测、漏洞分析、照片 / 视频 / 音频伪造分析、垃圾邮件检测等。以恶意代码为例，恶意代码是网络空间的主要威胁之一，恶意代码会生成很多变种且传播速度快、影响范围广。不同的恶意代码具有不同的特点，执行不同的功能，造成不同的危害，防不胜防。以往的杀毒软件多数是基于行为的分析和基于特征的扫描，难以精准识别和查杀，而运用人工智能技术，发展基于机器学习的恶意代码识别技术，基于神经网络和深度学习的恶意代码识别，集成于杀毒引擎中，可以大大提高识别恶意的准确性，及时清除恶意代码。ChatGPT 也可以用于分析代码，检测恶意代码或分析代码漏洞。信息安全的最大威胁还有黑客攻击，系统运维人员可以利用 ChatGPT，攻击者也可以利用 ChatGPT 寻找漏洞，生成恶意代码或生成有漏洞的代码，由此 ChatGPT 就变成了黑客攻击的工具。有的用户利用 ChatGPT 虚构假新闻，有的利用 ChatGPT 生产垃圾信息或不良信息。ChatGPT 的使用成本与门槛极低，效率与产出极高，可信度强，如果被不法分子利用，就有可能成为造谣的工具。因此，ChatGPT 作为内容生产商，其内容也应该接受审核。信息爆炸时代，以人为媒介传播的虚假信息尚且让审核机制“头疼”，很难想象当人工智能开始编造谎言会带来多大的挑战。如果人工智能变成一个像水、电、煤气一样的基础设施，全球上千万甚至上亿家中小企业想让自己的产品和服务实现智能化，就需要连接到这样一个基础设施上，那么该基础设施一旦出现问题，后果可想而知，因此必须加强监管，同步研究相关的安全措施，以应对信息系统面临的安全威胁。

图 9-4　恶意代码是网络空间的一个主要威胁，它会生成很多变种。这些变种传播速度快，影响范围广

图片来源：千图网

信息系统面临的威胁来自各个方面，可分为自然的或人为的两大类。这些威胁的主要表现有：非法授权访问，假冒合法用户，病毒破坏，线路窃听，黑客入侵，干扰系统正常运行，修改或删除数据等。这些威胁大致可分为无意威胁和故意威胁两大类。要保持人工智能与信息安全的平衡发展，就需要建立主动的、智能的安全防御体系。例如，反诈系统、内容安全系统、智能漏洞扫描系统等。公安部推出的国家反诈中心 App，具有反诈预警、身份验证、风险查询等功能，能减少民众被骗的可能性。那么这反诈软件同样是大数据和人工智能结合的产物，基于人工智能的算法，将反诈骗的各种类型数据统一调度和处理，建立智能的电信诈骗预警和发现模型。安装反诈软件后，可以扫描手机里的各种信息，对可疑信息进行及时处理和预警，提醒用户防止被诈骗。再如，内容安全系统，基于深度学习技术，对文本、图像、视频、音频等内容进行检测，可有效减少涉及恐怖、色情、暴力等违法违规信息。建立强大的杀毒引擎系统，包括云查杀、启发式查杀、人工智能查杀等。

传统的网络安全防御手段难以应对日益复杂的结合了人工智能的网络攻击方式，具有更新速度慢、漏报率高，稳定性差等缺点。而人工智能具有快速学习和灵活部署的特点，采取监督学习的方法从已知的病毒、恶意代码中学习其特征，采取非监督学习的方式对异常行为进行检测。人工智能技术还可应用于高级持续性威胁精准分析检测。高级持续性威胁攻击是针对特定对象，有计划、有组织和长期地窃取数据。利用人工智能技术进行高级持续性威胁攻击分析检测主要包括两方面内容：一方面是高级持续性威胁攻击的特征提取，即如何从高级持续性威胁攻击的样本中提取出有用的特征数据供机器模型学习；另一方面是如何利用人工智能算法进行高级持续性威胁攻击检测。其综合了恶意代码检测、主机应用保护、网络入侵检测、大数据分析检测、基于通信行为分析的攻击检测等。

除了推进技术层面的发展进步以实现智能与安全的平衡，还需要在法律法规等方面加强人工智能技术应用的管理。政府和社会需加强对人工智能安全、信息安全和网络内容伦理价值观等问题的监管，建立适应网络化、智能化时代的法律、法规及监管体系，在督促人工智能行业、企业和个人遵守相关规定的基础上，对从数据生产、数据采集、数据预处理、数据标注到人工智能算法设计、数据训练、数据测试和应用等全流程进行监管。进行相关软件和系统的安全认证，加大对违规行为的惩罚力度。

ChatGPT 受到广泛关注，再次唤醒了人们对人工智能技术的焦虑，也引发了人们对网络空间信息安全、知识产权等多方面的担忧。没有网络安全就没有国家安全。人工智能技术与信息安全是相辅相成的关系，人工智能技术的应用给网络空间赋予了新的内涵，网络空间的进步也能让人工智能技术在更多的领域得以应用。要想让人工智能技术更好地服务国家发展所需，服务人民生活所用，关键在于掌握其核心关键技术，实现自主可控。

ChatGPT

第十章

ChatGPT 加速产业升级

ChatGPT 将会催生哪些新产业，如何影响产业领域升级变革?

一、ChatGPT 催生全新产业结构

ChatGPT 的“出圈”现象将市场目光聚焦于人工智能交互能力的再一次突破，这预示着自然语言处理技术更真实准确地应用于人类思维的组织与表达，加速其与各行业技术融合的进程，使人工智能的边际成本越来越低，为各行各业服务，给更多产业创造更多素材和场景。

（一）ChatGPT 在医疗服务领域的应用

事实上，在我国传统医疗模式进入数字化转型的关键周期内，基于算法 + 数据 + 云端算力的人工智能应用创新逐渐成为新的增长引擎。医学被认为是人工智能应用中最有可能率先实现商业化的细分领域。在“政产学研用”多方努力下，全球智能时代加速到来，而医疗行业也正加速进入数字化的爆发期，ChatGPT 以准确率极高的自动写作、决策支持、智能诊断、智能搜索、智能推荐、分析预测等能力，拓展了交互式人工智能释放行业生产力的更多可能，涉及医疗领域的应用，互联网医院或是匹配度最高的场景，以 ChatGPT 为代表的人工智能产品或技术将给医疗行业带来深刻变革。

第一，改变掌握医学知识技能的方式。ChatGPT 或将以人们难以想象的方式，不断完善医生的知识和更新其掌握的技能，提供更佳的医疗实践和主动健康干预措施。如今，数据信息量以指数级别增长，生成式人工智能的能力增长率在未来 10 年或将超过 1000 倍。更新换代的 ChatGPT 将具有远超过预期的分析和解决问题能力，那时候的人工智能技术或许能和临床医生诊断技能相匹配。

第二，模仿医生作出临床决策。ChatGPT 解决问题不同于其他现有人工智能工具，其逻辑推理更像医生解决问题的思维方式：分

图 10–1　2022 年 12 月 14 日，江苏省南通市第六人民医院互联网医院医生为患者诊断病情

图片来源：中新图片 / 许丛军

析患者的症状和病史，从大型数据信息库提取有用的信息和经验，选择对患者最有价值的证据、决策支持和治疗方案，通过比较和鉴别诊断，为医生提供参考，最终确定正确选择。ChatGPT 掌握的数据信息量几乎是所有相同专业人员掌握数据信息的“总和”，拥有多达数十亿参数，可以准确“定位”最佳方法和决策选择，权衡选项并预测各种可能性是否是最佳匹配方案，这种技术可以提高诊断的准确性，并帮助医生更快地作出决策。

第三，满足全天候医疗保健需求。这是 ChatGPT 重点扩展应用的领域之一。如今，患两种及两种以上慢性疾病以及每天需要医疗监护和健康管理的慢性病群体不断扩大，目前的医疗保健模式和家庭医生服务模式不仅无法满足患者需求，而且在某些情况下还可能会延误诊治。而这正是 ChatGPT 的“主战场”。ChatGPT 可全天候满足患者医疗和健康管理需求，可以用于回答患者的医疗问题，实时提供疾病管理和保健须知，例如，解释疾病、解释诊断或治疗方案、提供健康建议等，通过与患者互动，为他们提供快速、个性化的医疗信息。它可以作为可穿戴设备的智能软件系统，提供全天候居家重症患者监测，进行个性化主动健康干预，将数据与医生预设阈值比较，提醒医生和患者是否存在风险，提醒潜在高风险正常人群进行筛查和维持健康生活习惯。

第四，避免医疗差错。尽管医院有明确制度预防不必要死亡或并发症，但医护人员在繁重的日常工作中难免会出差错。具有视频功能的 ChatGPT 可实时观察医护人员操作，对比诊疗指南等要求，及时提醒或警示医护人员。这好比自动驾驶安全监测系统帮助驾驶员安全行车，该人工智能技术应用在很大程度上可降低用药错误、院内感染等情况的发生率。

第五，辅助医生发挥最佳表现。医学生通常需要 10 年左右的教育和培训才能成为一名合格的医生，而 ChatGPT 有望在数月甚至更短时间内完成这一培训过程，它可以从数百家医院的临床经验信息中习得最佳临床技能和经验。ChatGPT 可连接居家患者监护仪，访问临床检验数据，并听取医患互动信息，随时预测最佳步骤。同时，通过比较诊疗记录和医嘱，ChatGPT 可完成学习和自我完善。当它能熟练预测医学专家的判断后，未来可帮助偏远地区的医生掌握专业知识、拥有娴熟技能。

（二）ChatGPT 加速政府数字化转型

数字政府是政府部门运用各类数字技术来改进政府管理和公共服务，推动政府的经济调节、市场监管、公共服务、社会管理、生态环境保护、政务运行、政务公开等方面的所有职能环节实现数字化转型。2022 年 6 月 23 日，国务院发布《关于加强数字政府建设的指导意见》，提出构建数字化、智能化的政府运行新形态，将数字技术广泛应用于政府管理服务，推进政府治理流程优化、模式创新和履职能力提升。人工智能技术在政府部门和公共管理中的应用已经受到广泛关注，但是 ChatGPT 的崛起则为人们重新思考数字政府建设方向提供了可能。和此前的人工智能技术相比，ChatGPT 的优势十分明显，也为数字政府建设带来了全新发展契机，为数字政府建设提供无限想象的巨大空间。

首先也是最重要的，ChatGPT 作为一款聊天机器人，可以让政府和民众之间的沟通交流更加顺畅，大大提升政民互动体验。无论是通过搜索引擎获取政府部门办事入口，还是拨打政务服务热线寻求帮助，或是在政府网站或政务 App 查询信息，人们往往会遭遇难题，服务体验也不尽如人意。政务服务热线也普遍存在打不通、乱派单、答不准、智能客服不智能等局限。人们往往不知道该找哪个政府部门办事，具体应该寻求谁的帮助以及需要准备什么材料。ChatGPT 所承载的强大语言理解和生成能力，将会对政民互动带来全方位的深层次冲击，使政民互动体验取得实质性改善。从哪里获取信息，怎么找政府办事，这些老大难问题将迎刃而解，使公民或企业可以轻装前进，更加轻松自如地和政府打交道。ChatGPT 这样的人工智能技术将有助于显著降低人们的学习成本，使人们可以更容易地获取、理解和掌握政府的办事流程，避免办事无门、沟通无路、咨询无人等问题。ChatGPT 的复杂推理能力很强，但还无法达到人类的情感能力，这可能会影响公众与政府的交互体验。但从公众能办成事、办好事的角度来看，ChatGPT 应用带来的政务服务体验改善，必将会远超其他既有做法取得的效果。

图 10-2　近年来，我国数字政府建设进入快车道。各级政府业务信息系统建设和应用成效显著，数据共享和开发利用取得积极进展，一体化政务服务和监管效能大幅提升，“最多跑一次”“一网通办”等创新实践不断涌现。图为“纠纷解决机器人”

图片来源：中新图片 / 吕明

其次，在政务服务和公共服务领域，ChatGPT 会推进各类服务的智能化、精准化和定制化，大幅提升民众的服务满意度。ChatGPT 是一种通用型人工智能技术，未来有望成为万物互联的接入平台、操作系统或基础设施。基于 ChatGPT 可以建构和优化一系列服务，并使这些服务之间达到互联互通。目前各个政府部门提供的服务是相互割裂的，没有从一个完整的人或家庭出发来提供服务，也没有从企业全生命周期对其进行规划。人们对公共服务的需求是多元的，但是往往得不到政府部门的及时发现、精准识别和定制化满足。ChatGPT 如果能够应用于公共服务体系建设，全方位获取用户的需求和偏好，将会更好地识别和满足人们的需要，并使公共服务的供给和需求之间真正实现双向交互，通过自动化处理政府文件，自动审核政府申请，自动完成政府报表等，从而提高政府的服务效率。基于 ChatGPT 而开发的公共服务响应系统，能够为每个人和企业建立数字账户，基于人们的需要来提醒、部署和调度相关部门提供服务。在 ChatGPT 这样的技术推动下，未来的政府规模会更小、机构设置更少、组织结构更扁平，政府运行成本也会下降。

再次，ChatGPT 会让政府的政策决策更加科学，减少“拍脑袋”决策带来的负面影响。不少政府决策涉及海量数据的汇聚和决策算法的优化，但是目前很多政府部门还缺乏这些能力。ChatGPT 的应用将可以使基于大数据的政府智能决策成为可能，为决策提供相关的各类数据，并界定决策的预期目标和限定条件，更快速地获取有效决策信息，获得多种可供选择的政策方案，从而提高政府决策效率，推动政府决策的智能化加速发展。虽然 ChatGPT 的创造力不被看好，但是它在信息加工重组方面的能力超群，有可能提出决策者未曾想到的政策方案，并为政策创新带来契机。

最后，从政府运行和政务处理来看，ChatGPT 可以让政府工作人员更加轻松高效地履职。在各类应用文起草方面，ChatGPT 完全可以胜任公文起草工作，发挥优异的辅助功能，并可以根据特定政府部门的特色和风格来定制化准备，使政府工作人员从繁重的文稿准备工作中解放出来。同时，ChatGPT 的引入，还会让政府的组织结构、业务流程和人员安排等方面发生显著改变。

（三）ChatGPT 潜在军事应用分析

可以预见的是，各类智能化无人系统与作战平台将在地面、空中、水面、水下、太空、网络空间以及人的认知空间获得越来越多的应用，深刻改变着未来战争人工智能的技术比重。ChatGPT 使用了自然语言处理技术，这类技术是美军联合全域指挥控制（JADC2）概念中重点研发的技术。2020 年 7 月 1 日，美国兰德公司空军项目组发布的《现代战争中的联合全域指挥控制——识别和开发人工智能应用的分析框架》报告指出，人工智能技术可以分为 6 类，自然语言处理类技术作为其中之一在联合全域指挥控制中有明确的应用——可用于从语音和文本中提取情报，还可以监视友军的聊天，以将相关信息发送给个人，提醒他们潜在的冲突或机会。

ChatGPT 可以进行自然语言处理和语义理解，其生成式人工智能技术具有强大的文本生成能力，其文本生成能力取得了革命性突破，这类技术能够有效改进战场上的人机交互过程，具有以下应用潜力：

第一，使军事科技创新取得新突破。ChatGPT 技术可以帮助军事科技更好地实现自动化，提高军事科技的效率和精确度，这意味着军事科技的上升空间将进一步扩大，原本许多费时费力的工作会被简化、自动化，我们会将更多的精力投入创新研发中。例如，军事科技技术可以帮助军事科技实现自动目标识别、自动导航、自动控制等功能，从而提高军事科技的效率和精确度。

第二，发布仿真言论参与网络战。类似 ChatGPT 这样的人工智能技术能够针对任何事件产生无限的、近乎免费的"观点"。这些观点将影响网络上的各类活动，网络用户无法知晓在网络上与之交流的是否为真实人类。ChatGPT 及类似的人工智能程序，与之前的网络水军机器人的不同之处在于，它们不会发送几乎相同的那种复制粘贴的观点，而是可以模仿人类，针对各种主题产生无限的具有连贯性和细微差别的个性化内容，而且它们不仅会主动发帖，还会对其他用户的帖子作出回应，并展开长期的对话。因此，由 ChatGPT 或类似的人工智能程序参与的一方将占据网络舆论战的优势地位。

第三，在现代化联合实战中发挥重要作用。其一，ChatGPT 拥有任务分析能力。在生成式人工智能技术的辅助下，战术级系统可根据接收到的情报报告自动生成态势分析报告，以及对接收的信息分类并确定当前态势以构建动态更新的作战图 COP。其二，ChatGPT 拥有辅助决策能力。通过对情报分析了解，ChatGPT 能够结合作战对手的特点、我方的优缺点，给出有价值的参考建议，指挥官可以在瞬息万变、争分夺秒的战场上作出最准确可靠的判断和决策，这对掌握战场动态局势变化和作出部队作战行动安排具有重要意义。其三，ChatGPT 可简化参谋工作流程。在层级指挥结构中，上级需要接收下级的信息，如果没有报告总结，上级将接收过量的信息。在计划执行过程中，可利用 ChatGPT 的摘要生成式方法来自动生成报告总结，从而加快报告的上报速度。其四，ChatGPT 可加速情报信息共享。ChatGPT 聊天机器人能够快速处理大量的情报信息，为部队信息共享提供支持。其五，开展信息战行动。ChatGPT 也有应用在信息战方面的潜力。ChatGPT 会“生成不正确的信息”，“产生有害指令或有偏见的内容”，它很有可能被用来传播虚假信息，如果再使用微妙而复杂的话术来操纵公众舆论，将会进一步分化社会，造成分裂和不信任，这就达到了开展信息战的目的。

同时，ChatGPT 在生成培训材料、语言翻译、自动目标识别、军事机器人、在仿真中测试材料开发系统、军事医学、战斗空间自治、情报分析、记录追踪、军事后勤、信息战、无人驾驶车辆、监视、致命自主武器系统、战场环境支持、建模、模拟和战斗训练的虚拟现实和增强现实、自由空战动态、导弹制导的神经网络、通信和网络安全、反潜战中态势感知的数据融合、网络安全和密码学、“群体作战”的群体智能、远程无人机系统的自主飞行控制、人工智能卫星和软件定义卫星、个人可穿戴系统、海量军事数据管理、对抗或颠覆对手的人工智能系统、信息融合、态势感知、路径规划、人机界面、为军事模拟生成响应等方面还有极其广泛的创新性应用。

二、模型即服务形成新的业态

模型即服务，英文简称是 MaaS（Model as a Service）。大模型，又称为预训练模型、基础模型等，是“大算力 + 强算法”结合的产物。大模型通常是在大规模无标注数据上进行训练，学习出一种特征和规则，基于大模型进行应用开发时，将大模型进行微调，如在下游特定任务上的小规模有标注数据进行二次训练，或者不进行微调，就可以完成多个应用场景的任务。通俗来讲，就是大公司开发出了一套人工智能模型，这是一个底板。可以把它想象成一个接受过良好基础教育，数理化课程全都得满分，各种基本功都特别扎实的应届毕业生。这个毕业生基础虽好，但对于专业领域，还是个门外汉。要是让他做点具体的、特别专业的工作，例如，医疗、教育、销售等方面的工作，他还得再深入学习。而模型即服务指的是把这个算法的培训过程，分成两个阶段。第一个阶段是基础教育阶段，这个阶段需要极大的投入，学习基础知识。这个阶段由科技巨头公司完成，他们相当于模型的创造者，提供一个特别聪明、基本功特别好的“通识型人才”。第二个阶段需要把“通识型人才”培养成能在某个领域干活的专业人才。这一步，科技巨头公司并不擅长，这需要由细分领域里的科技公司来完成了，做这个细分领域训练被称为模型打磨者。

（一）大模型科技公司抢占人工智能大模型业态新高地

ChatGPT 这一语言人工智能模型的火爆出圈，引发了大众对人工智能应用燃起极大热情的同时，也引燃了人工智能大模型竞争的战火。2017 年，谷歌的阿希什·瓦斯瓦尼（Ashish Vaswani）等提出 Transformer 架构，奠定了当前大模型领域主流的算法架构基础；Transformer 结构的提出，使深度学习模型参数达到了上亿的规模。2018 年，谷歌提出了大规模预训练语言模型 Bert，该模型是基于

Transformer 的双向深层预训练模型，其参数首次超过 3 亿规模；同年，OpenAI 提出了生成式预训练 Transformer 模型——GPT，大大地推动了自然语言处理技术领域的发展。此后，基于 Bert 的改进模型、ELNet、RoBERTa、T5 等大量新式预训练语言模型不断涌现，预训练技术在自然语言处理技术领域蓬勃发展。2019 年，OpenAI 推出拥有 15 亿参数的 GPT-2，其能够生成连贯的文本段落，做到初步的阅读理解、机器翻译等。紧接着，英伟达推出了拥有 83 亿参数的 Megatron-LM，谷歌推出了拥有 110 亿参数的 T5，微软推出了拥有 170 亿参数的 Turing-NLG。2020 年，OpenAI 推出了超大规模语言训练模型 GPT-3，其参数达到了 1750 亿，在两年左右的时间实现了模型规模从亿级到上千亿级的突破，并能够实现写诗、聊天、生成代码等功能。此后，微软和英伟达在 2020 年 10 月联手发布了拥有 5300 亿参数的自然语言生成模型 MT-NLG。2021 年 1 月，谷歌推出的 Switch Transformer 模型以高达 1.6 万亿的参数量成为史上首个万亿级语言模型；同年 12 月，谷歌还提出了 1.2 万亿参数的通用稀疏语言模型 GLaM，其在 7 项小样本学习领域的性能超过 GPT-3。可以看到，大型语言模型的参数数量保持着指数增长势头。这样高速的发展并没有结束，2022 年，又有一些常规业态大模型涌现，如 StabilityAI 发布的文字到图像的创新模型 Diffusion，以及 OpenAI 推出的 ChatGPT，ChatGPT 是由效果比 GPT-3 更强大的 GPT-3.5 系列模型提供支持，并且这些模型使用微软 Azure AI 超级计算基础设施上的文本和代码数据进行训练。各大科技公司纷纷布局大模型领域，微软将向 OpenAI 进行价值数十亿美元的投资，以加速其在人工智能领域的技术突破。此外，Buzzfeed 和亚马逊亦在探索 ChatGPT 的应用场景。

大模型在能力泛化、技术融合、研发标准化程度高等方面的优势让其有能力支撑各式应用，使其正在成为人工智能技术及应用的新基座。正如发电厂和高速公路一样，大模型将成为各行各业应用人工智能技术的底座和创新的源头。随着大模型不断的迭代，大模型能够达到更强的通用性以及智能程度，从而使人工智能技术能够更广泛地赋能各行业应用，大模型是人工智能的发展趋势和未来。

在国内，超大模型研究发展异常迅速，2021 年成为中国人工智能大模型的爆发年。

2021 年 4 月 25 日，在华为开发者大会上，华为云发布了盘古系列自然语言处理超大规模预训练模型。盘古系列模型包括 30 亿参数的全球最大视觉（CV）预训练模型，以及华为云与循环智能、鹏城实验室联合开发的千亿参数、40TB 训练数据的自然语言处理预训练模型。其中，盘古自然语言处理大模型由华为云、循环智能和鹏城实验室联合开发，具备领先的语言理解和模型生成能力：在权威的中文语言理解评测基准 CLUE 榜单中，盘古自然语言处理大模型在总排行榜及分类、阅读理解单项均排名第一，刷新三项榜单世界纪录，其总排行榜得分 83.046，多项子任务得分业界领先，向人类水平（85.61）迈进了一大步。华为云盘古大模型可以实现一个人工智能大模型在众多场景通用、泛化和规模化复制，减少对数据标注的依赖，并使用 ModelArts 平台，让人工智能开发由作坊式转变为工业化开发的新模式。

针对视觉图像不同角度以及不同场景的变化，盘古 CV 大模型采取的方法非常简单。其大模型有海量数据集，这个数据集规模已经达到了亿级甚至十亿级这样的规模，它能够建模实际场景图像的方方面面。同时，盘古 CV 大模型在预训练算法中，集成了 10 余种数据增强方法，让它通过不同的数据增强，使整个模型具有针对不同数据增强的不变性，来解决如何处理不同视角、不同尺度图像问题，让它进行高效的建模问题。盘古 CV 大模型基于全局的对比度自监督学习方法，还进行了许多改进，例如，解决如何来利用弱标签信息，如何把全局的信息拓展到局部来更好建模局部相关关系等问题。到目前为止，盘古在一个大模型中，搭载模型蒸馏、抽取以及行业大模型，已经适配了 10 余种预训练模型。这 10 余种模型都是通过一个大模型的抽取、蒸馏所得到的，它在相应的行业上，得到了非常大的精度提升，同时也极大地减少了标注代价以及模型迭代周期。

2021 年，商汤科技发布了书生（INTERN）大模型，其致力于打通算力、算法和平台，大幅降低人工智能生产要素价格，实现高效率、低成本、规模化的人工智能创新和落地，进而打通商业价值闭环，解决长尾应用问题，推动人工智能进入工业化发展阶段。最初的书生拥有 100 亿的参数量，这是一个相当庞大的训练工作。在训练过程中，大概有 10 个以上的监督信号帮助模型，适配各种不同的视觉或者自然语言处理任务。截至 2021 年中，商汤已建成世界上最大的计算器视觉模型，该模型拥有超过 300 亿个参数。当前发展通用视觉的核心是提升模型的通用泛化能力和学习过程中的数据效率。面向未来，书生通用视觉技术将实现以一个模型完成成百上千种任务，体系化解决人工智能发展中数据、泛化、认知和安全等诸多瓶颈问题。书生在分类、目标检测、语义分割、深度估计四大任务 26 个数据集上，基于同样下游场景数据，相较于同期 OpenAI 发布的最强开源模型 CLIP-R50x16，平均错误率降低了 40.2%、47.3%、34.8%、9.4%。同时，书生只需要 10% 的下游数据，平均错误率就能全面低于完整（100%）下游数据训练的 CLIP（OpenAI 发布的一种经典的文图跨模态检索模型）。

通用视觉技术体系书生由七大模块组成，包括通用视觉数据系统、通用视觉网络结构、通用视觉评测基准三个基础设施模块，以及区分上下游的四个训练阶段模块。在四个训练阶段中，前三个阶段位于该技术链条的上游，在模型的表征通用性上发力；第四个阶段位于下游，可用于解决各种不同的下游任务。而当进化到第四阶段时，系统将具备"迁移能力"，此时书生学到的通用知识可以应用在某一个特定领域的不同任务中，例如，智慧城市、智慧医疗、自动驾驶等，实现广泛赋能。书生的推出能够让业界以更低的成本获得拥有处理多种下游任务能力的人工智能模型，并以其强大的泛化能力支撑智慧城市、智慧医疗、自动驾驶等场景中大量小数据、零数据等样本缺失的细分和长尾场景需求。

在以中文为核心的超大规模语言模型领域，2021 年 4 月 19 日，阿里巴巴达摩院机器智能实验室重磅发布了拥有 270 亿参数规模的中文语言理解和生成统一模型——PLUG（Pre-training for Language Understanding and Generation）。PLUG 采用了 1TB 以上高质量中文文本训练数据，涵盖新闻、小说、诗歌、问答等广泛类型及领域，其模型训练依托了阿里云 EFLOPS 高性能人工智能计算集群。PLUG 超大规模预训练中文理解和生成统一模型，是当前中文社区最大规模的纯文本预训练语言模型，集语言理解与生成能力于一身。其目

图 10-3　由阿里巴巴达摩院牵头建设的湖畔实验室，研究领域涵盖量子计算、机器学习、基础算法、网络安全、视觉计算、自然语言处理、人机自然交互、芯片技术、传感器技术、嵌入式系统等　　图片来源：中新图片 / 张茵

标是通过超大模型的能力，大幅度提升中文自然语文处理各大任务的表现，取得超越人类表现的性能。

此前，阿里巴巴达摩院机器智能实验室自行研发的语言理解模型 StructBERT 与语言处理语言模型 PALM 均在各自领域取得了 SOTA（指目前的最高水平）的效果。简单来说，StructBERT 模型通过加强句子级别和词级别两个层次的训练目标中对语言结构信息的建模，加强模型对于语法的学习能力。PALM 模型则结合了自编码和自回归两种预训练方式，引入 Masked LM 目标来提升编码器的表征能力，同时通过预测文本后半部分来提升解码器的生成能力。此次大规模语言模型的训练，阿里巴巴达摩院团队汲取二者所长，提出了一个简单的框架，用来进行语言理解和语言处理联合训练。

相比于 GPT 系列模型，该大规模生成模型以 StructBERT 作为编码器，有着很强的输入文本双向理解能力，从而可以生成和输入更相关的内容。

目前，大模型参数规模最高可达百万亿级别，数据集达到 TB 量级，且面向多模态场景（同时支持文字、图像、声音、视频、触觉等两种及以上形态）的大模型已成为趋势。

据不完全统计，目前涉及人工智能大模型的上市公司主要有中国电信、云从科技、科大讯飞、浪潮信息、拓维信息、拓尔思等。科技巨头公司在将来会对外开放这些人工智能模型的调用接口。吸引一些规模较小、但对行业理解更深的玩家，付费使用这些接口，并将模型打磨成真正满足行业需求的应用。如此，从科技巨头公司到新玩家，都可以获益。虽然科技巨头公司研发大模型承担了巨额的模型开发成本，但可以从其他行业中收取模型接口使用费，而且避免了过度聚焦到某个特定行业带来的风险。同时，细分行业中的企业，也不用从头研发，能以更低的成本来使用人工智能大模型。无论如何，人工智能大模型之战的开场锣鼓已经擂响，各家巨头手握重金换来了入场券，纷纷在牌桌前坐定。

2023 年 2 月 13 日，北京市经济和信息化局发布的《2022 年北京人工智能产业发展白皮书》提出，2023 年要全面夯实人工智能产业发展底座。支持头部企业打造对标 ChatGPT 的大模型，着力构建开源框架和通用大模型的应用生态。这是地方政府首提对于大数据、大模型方面的支持政策与发展目标。2023 年 2 月 28 日，由北京智源人工智能研究院主办的“FlagOpen 大模型技术开源体系工作会”成功召开。为促进人工智能与经济社会发展深度融合，北京智

图 10-4　2023 年 2 月 28 日，北京智源人工智能研究院发布大模型技术开源体系“FlagOpen（飞智）”　图片来源：中新图片 / 孙自法

源人工智能研究院将联合中国电子云建立大模型国产算力云平台开放实验室，探索国产 CPU 的大模型适配部署。

（二）大模型驱动的 AIGC 产业应用创新

随着大模型能力的不断强大，基于大模型的智能系统驱动应用端对端创新，使传统任务系统架构大幅简化，同时提升了应用效果和效率，从而加速数据和模型应用闭环建设。

所谓 AIGC，指的是利用人工智能来生产内容，其中 AI 是人工智能的简称，GC 则是创作内容。同传统意义上的人工智能相比，AIGC 变聪明了。毕竟创造力是人类非常特别的能力，但当人们发现 AIGC 有创造力的时候非常震惊，未来 AIGC 将是人工智能发展的新方向。第一代人工智能更多应用在分析、识别领域，而 AIGC 在大模型的加持下实现了重大突破，它让人工智能有创造内容的能力，是全新的革命，AIGC 将会是人工智能的下一波浪潮。

随着 OpenAl 推出 ChatGPT 付费定制版本，AIGC 的商业化前景开始引起关注。从娱乐、传媒、新闻、游戏、搜索引擎等互联网领域甚至制造业、交通等传统产业的应用实践来看，AIGC 在多媒体内容生成与创作、数字人和虚拟仿真平台三大产品方向潜力巨大。AIGC 实现文本、图片、音频内容专业化生成与创作，短期内有望实现广泛商业变现。从产品来看，人工智能绘画、人工智能音频、人工智能写作、人工智能聊天等领域目前均有成熟应用涌现，例如，青云智能开放平台年发稿量 30 万篇，实现新闻稿件自动撰写，平均每 0.46 秒形成一篇文章，涵盖财经、体育、房产、法律等 20 多个场景，提升了新闻内容的时效性和规模性。从商业模式看，API（应用程序编程）接口调用计费相对成熟，基于底层模型的标准化 SaaS 服务模式将逐步兴起。以 OpenAl 为例，开放图像创建和编辑模型 DALL-E2 程序 API 接口，已有微软 Mixtiles 等公司将其集成到自有图像设计工具中，实现海报、幻灯片等图片的生成和编辑，目前已经有超过 300 万人使用 DALL-E2，每天创建的图片数量达到 400 万张。OpenAl 发布了 ChatGPT Plus 以 SaaS 付费订阅形式，为用户提供响应更快的文本生成服务。

AIGC 驱动功能服务型数字人出现，创新营销服务、娱乐表演模式。AIGC 将大幅度提升数字人的制作效能和交互能力。传统数字人制作需要通过三维建模技术生成人物，耗时长、计算量大、成本高，使用 AIGC 仅需用户上传照片 / 视频即可在 1 分钟完成建模，成本低，可定制，精度可达到次世代游戏人物级别。同时，引入对话式人工智能、多模态分析模型还可驱动数字人在多模态交互过程中的面部表情、语言表达，使其交互行为神似人类，例如，腾讯AILb 基于 AIGC 的人工智能口型驱动技术已帮助《重返帝国》《代号：破晓》等游戏实现角色脸部口型动画自动生成。

AIGC 驱动的功能服务型数字人已在金融、品牌营销、影视娱乐、生活服务等众多行业进行应用探索。AIGC 驱动的功能服务型数字人通过完成咨询、表演、品牌形象构建等多类任务，可提供较真人更高效、稳定、便捷的服务，实现降本增效。例如，屈臣氏洞察年轻人需求，推出符合年轻人品味的虚拟偶像代言人屈晨曦 Wilson 进行品牌推广，低成本完成品牌破圈。根据国际数据公司（IDC）预测，2026 年中国人工智能数字人市场将达 1024 亿元。

AIGC 加速虚拟空间搭建，打造虚拟空间的重要生产力工具，提升 3D 模型、场景制作能效。传统 3D 制作需要耗费大量时间和人力成本，例如，游戏《荒野大镖客 2》，先后有 600 多名美术专业人员历经 8 年时间才能打造约 60 平方公里的虚拟场景，而利用 AIGC 则可快速提升制作效率。例如，英伟达发布的 AIGC 模型 GET3D 具备生成具有显示纹理的 3D 网格能力，能根据训练的 2D 图像即时合成具有高保真纹理和复杂细节的 3D 集合体，可实现每秒生成 20 个物体的效率和速度。这项模型可用于构建为游戏、机器人、建筑、社交媒体等行业设计的数字空间。

基于 AIGC 构建大型虚拟空间可为车联网、交通、工业、医疗等行业训练开发人工智能提供试验空间。例如，用于自动驾驶算法测试的虚拟仿真平台可以通过仿真合成现实交通场景来训练、测试自动驾驶算法，腾讯推出的 TAD Sim 自动驾驶仿真平台可以让自动驾驶算法在城市级别的虚拟仿真世界进行测试和学习。当前，Waymo、腾讯、百度等巨头，以及 Autox（安途）、Pony.ai（小马智行）、希迪智驾等自动驾驶初创公司也根据各自的需求，自主研发模拟仿真环境。

2023 年，运营商需正视 AIGC 可能带来的压力，进一步加快云和算力平台部署、5G 和光纤网络投资。一方面，由于 AIGC 在视频、游戏和元宇宙等三维层面应用领域的制作成本急剧下降，工业企业生产、物流供应链以及商业领域广告、设计、大数据精准营销等应用的互联网流量和算力需求将呈指数级增长。根据工业和信息化部数据，2022 年全年移动互联网和固定宽带接入流量分别同比增长 18.1% 和 47.2%，而融入人工智能的物联网终端流量增长高达 64.4%，预计 2023 年 AIGC 应用将使数据流量消费更加活跃。作为流量内容生成、储存的重要载体，2022 年基础运营商为社会提供服务的数据中心机架数同比净增 11.4%，增长量已远不及同期移动互联网等流量增速。根据 OpenAI 的研究成果，人工智能训练所需算力指数增长速度远超硬件。另一方面，借鉴以谷歌和微软为代表的云计算巨头建设大模型分布式算力平台、增加边缘计算设备、加建内容生成效率和质量的做法，运营商应加快云和算力平台部署、5G 和光纤网络投资，以应对可能到来的流量洪峰。

三、ChatGPT 还会带来什么？

相较以往，人工智能的深度学习能力，对大部分人而言只是一个高深的概念。ChatGPT 通过生成式预训练转换模型，基于人类反馈的强化学习这一方式，让所有人真正接触到“人工智能 + 深度学习”将会带来何种变化，对人类的生活将会产生哪些影响。因此，ChatGPT 可能会加速人工智能和深度学习理论在经济社会各领域的普及应用。

（一）ChatGPT 的未来应用场景充满无限可能

学术界普遍认为，ChatGPT 的未来应用场景充满无限可能。从社交媒体到广告创意，从游戏到影视娱乐，从编程到深度写稿，从平面设计到产品工业设计，从文字翻译到外事同声传译等，每个原本需要人类创作的行业都等待被 ChatGPT 颠覆性重塑。ChatGPT 被公认为是继互联网、智能手机之后，带给人类的第三次革命性产品。互联网开辟了“空间革命”，使人类可以实时与全世界链接，不必奔赴现场，可以通过互联网进行沟通、教学、视频会议，使政治、社会和商业等领域发生连锁变化。智能手机的出现带来了“时间革命”，通过可拓展安装的各种 App 应用软件，可以实现最快交易、最速送达，为人类的生活、工作和消费带来巨大变化。ChatGPT 的横空出世，有望形成“思维革命”，替代人类进行创作、创意、解答、咨询、翻译、客服等，改变人类思考和处理问题的方式方法，并由此重塑各行业生态，甚至重塑整个世界。

现阶段的 ChatGPT 以高度拟人化的对话问答模式带来了更好的交互体验，短期内将促进金融、媒体、医疗等诸多领域自然语言处理的应用。例如，在金融领域，ChatGPT 利用其大模型能够大幅提升语义搜索能力，面对复杂多变的投资理财咨询，能够准确找到满足用户需求的咨询结果；又如，招商银行信用卡已经基于ChatGPT 撰写宣传稿件，写出了“生命的舞台上，我们都是基因的载体”“如果说基因给我们的生命带来了基础，那亲情便是对生命的深刻赋予。它不由基因驱使，而是一种慷慨的选择”等富有诗意的文案。在投研方面，业内首份采用 ChatGPT 撰写的行业研究报告完成度较高，但距专业研究报告仍存在较大差距。财通证券团队介绍，“ChatGPT 在文字表意、标题撰写等方面均具有较高水平”。在媒体领域，大量的稿件均可以通过 ChatGPT 进行自动化生产，其独创性和创造力并不输于专业人员。未来，文字工作者应积极探索新技术帮助其提高生产效率，让 ChatGPT 起草初稿，人类只需要在其基础上进行修改完善；在医疗领域，ChatGPT 可以替代专业人员为患者提供心理咨询、问诊和解答服药建议；等等。

以教育领域为例，据媒体报道，ChatGPT 除在高校占有一席之地外，其适用范围已经下探至学龄前儿童和中小学阶段。据报道，国内某城市的一位 4 岁小孩的母亲明确表示，她每天都会登录 ChatGPT，和“它”聊会儿天，并把“它”推荐给其他妈妈，解答孩子的教育问题。部分中小学教师也在思考将 ChatGPT 融入自己的教学工作，一名刚入职的小学语文教师解释说，小学生由于年龄小、心智尚未发育成熟，在上课时不仅需要教师在知识的学习上提供帮助，而且需要在心理层面对其进行全方位培养。她经常询问ChatGPT 诸如“如何矫正小学生不良行为习惯”“教师如何与内向的小学生沟通”等问题。

由此可见，ChatGPT 在各行各业均具有无限的未来应用场景，ChatGPT 正在快速走进人类的工作和生活，成为继互联网、智能手机之后，人人都离不开的工具。

（二）ChatGPT 对产业的影响

科技创新可以提高经济结构的效率和灵活性，提高企业的竞争力，节约能源、资源和工人成本，推动产业升级，促进供给侧结构的变革，提高产品的质量和生产效率，催生新产品、新技术和新模式，进而促进经济增长。ChatGPT 作为一种创新科技，通过分析大规模数据，在其中找到诸多规律，生成新作品，而不仅限于分析已经存在的东西，在某些情况下，较人类更具创造力，且创造得更好。未来，ChatGPT 处理的领域包括所有知识工作和创造性工作，可能涉及数亿的人工劳动力，使相关领域人工劳动力的效率和创造力得到大幅提高，不仅较以往更快、更高效，而且更完美、更具创意。

首先，ChatGPT 能够带来更高的生产率。与传统的文本识别或语言理解系统相比，聊天机器人系统更加容易使用，可以更有效地了解输入的问句，提高结果的准确性，改变传统的生产和服务方式，让企业更有效地利用有限的资源生产更多的产品和提供更好的服务，在提升效率的同时，降低成本。其次，ChatGPT 的应用可以提升企业的核心竞争力，带来增量利润，促进业务增长，不断改善经济社会结构，带动产业数字化转型和智能化升级。此外，技术创新可以满足更多的消费需求，促进投资市场的发展。例如，ChatGPT 可以帮助客服进行个性化会话，快速了解客户的需求，分析重点，及时回答客户的提问，能够提高客户的满意度和对公司的信任度。在此基础上，ChatGPT 新技术的应用可以使企业拥有更多的消费者，在拉动营收和利润增加的同时，促进投资市场的发展，最终实现经

图 10-5　虽然目前 ChatGPT 还不能给人类的生产生活方式带来根本性的变革，但是它代表着人工智能的发展已经进入一个全新的阶段　　图片来源：千图网

济的可持续发展。

科技进步造福人类经济社会，让人类可以提质增效、实现高质量发展。但是，科技是一把“双刃剑”，如果使用不当，也会对经济社会产生负面效应。ChatGPT 被滥用的问题愈加明显，最常见的是作弊问题。在美国，北密歇根大学一名学生使用 ChatGPT 生成的哲学课小论文震惊了教授，得到全班最高分。有调查显示，89% 的美国大学生承认使用 ChatGPT 做家庭作业，53% 的学生用它写论文，48% 的学生使用 ChatGPT 完成测试。据媒体报道，近期，有多所欧美高校对 ChatGPT 发出禁令。法国巴黎政治学院宣布禁止学生使用 ChatGPT 和其他人工智能产品完成报告，除非教师有特定课程需求，否则学生使用 ChatGPT 完成报告，最终将面临退学处罚；美国纽约市公立学校规定，只有在进行人工智能与科技相关教学时，才能由教师申请在课堂上使用 ChatGPT；澳大利亚、印度、英国等

国的多所大学也限制学生使用 ChatGPT，尤其是在校园内以及考试期间。ChatGPT 这类人工智能产品虽然能为学生提供快速简洁的答案，但无法帮助学生培养批判思考与解决问题的能力。与此同时，ChatGPT 创作的内容所有权归使用者所有，但如果生成的内容有侵犯他人知识产权的行为，那么，将产生知识产权纠纷问题。例如，使用 ChatGPT 在未经授权的具有知识产权的图片或文字基础上创作的内容，可能出现知识产权纠纷问题。加强知识产权保护、合法性检查、协调和解决、技术防弊以及持续的监管等措施，将是未来应对 ChatGPT 产生的知识产权纠纷问题应采取的重要措施。

结语

ChatGPT 带来的机遇和挑战

ChatGPT 的登场，可谓惊艳了无数圈内人。微软创始人比尔·盖茨形容它不亚于互联网的诞生，科技巨头谷歌也如临大敌，直观地反映到股价上，那就是谷歌股票市值的暴跌。国内的互联网巨头也普遍看好这项人类对人工智能的新突破，大家普遍认为 ChatGPT 潜力无限，搭不上车的企业可能会被淘汰。一夜之间，沉寂许久的互联网行业，又重新迎来了嘈杂。对普通人而言，从短期来看，ChatGPT 似乎有些言过其实，大部分的人依然还是照常上班，每天的工作生活依旧，并没有什么大的变化，但技术革新的蝴蝶效应，往往是超乎想象的。从当前的表现上来看，ChatGPT 首先是人工智能的一次里程碑式成长，尽管目前来看它似乎只是一个聊天对话框，离我们想象的人工智能还有所差距。但实际上，ChatGPT 已经开始像人类一样，去理解这个世界，并且能够对人类的指令作出相当精准的反馈。仅此一点，ChatGPT 就足以在宏观意义上“替代”许多人的工作岗位。

ChatGPT 海外爆红、服务器被挤垮，百万网友使用，2022 年也因此被称为“AIGC 元年”，生成式人工智能技术发展迅速。过去我们提到人工智能，总认为它还是未来的产物。虽然当前的人工智能产品只能执行一些相当简单的指令，例如，放歌、定闹钟、拨打电话和打开 App，但 ChatGPT 则不同，它几乎相当于人工智能正式进入青少年期，它的智力水平和表达能力甚至比许多人还要优秀。这也意味着未来真正意义上的“完全体人工智能”已经不远，届时人工智能将会广泛取代人类，成为主力生产劳动力。生成式人工智能可以处理的领域包括知识工作和创造性工作，涉及数十亿的人工劳动力。生成式人工智能可以使这些人工的效率和创造力至少提高 10%，有潜力产生数万亿美元的经济价值。ChatGPT 在欧美已经掀起了浪潮。自 2022 年 11 月发布，仅仅两个月后，ChatGPT 的活跃用户就已经达到 1 亿，打破了过往纪录，这个纪录 TikTok 用了 9 个月，Instagram 则用了两年半。

ChatGPT 可以给你解释物理概念、给出生日聚会的点子，甚至可以帮你编程、改代码，它还可以瞬间生成一些看似需要创造力的东西，例如，小说、散文、笑话甚至是诗歌。以文字工作者为主体的撰写各类新闻稿，甚至是内容创作平台，都将最先被 ChatGPT 所取代。试问这样一个“怪物”的出现，怎么能不让从事传统行业的工作者为之震惊？就在很多人以为 ChatGPT 跟我没关系的时候，美国那边已经引发了连锁反应。据相关消息，美国新闻聚合网站 Buzzfeed 因引入 ChatGPT 协作创作，直接裁员 12%；又如，亚马逊和苹果等科技巨头也开始利用 ChatGPT 编写代码、制作 PPT 等。更加具有爆炸性新闻的是，ChatGPT 还通过了全美执业医师资格考核，这意味着将来医生和教师等可能会面临被替代的风险。就目前的影响来说，ChatGPT 似乎能够完全或部分替代医药健康从业者、程序员、文案撰稿人、编辑、新媒体从业者等岗位。以今天人们对于人工智能的理解，总认为文字表达是人工智能最不可能替代的，但 ChatGPT 的出现让我们看到了人工智能最容易替代的，反而正是我们传统上认为人工智能无法替代的职业。

尽管人们通常把人工智能看作人类的伙伴，它能够让我们更好地工作、更好地生活，但问题在于，当 ChatGPT 变得越来越高效的时候，它是会将人们从“毫无意义的工作”中解放出来，还是会让这些工作变得越来越烦琐，要求越来越高？随着未来人工智能技术的进一步普及和发展，越来越多的高学历工作者，可能被迫面临更高维度的竞争，去和人工智能竞争一份工作，甚至还要试着学会去超越它。当然，人工智能的出现会颠覆一些行业，但也必然会带来一些新的工作岗位，这也并不意味着人类就此出局了，人工智能势必将人类从平庸的工作中解放出来，然后投入更具创造力的工作中。但这仅仅只是理想中的情况。考虑到庞大的人口结构和就业问题，人工智能在短期内势必会造成一定程度上的就业混乱，加之人工智能的高效和协同能力，甚至可以 24 小时全天候服务，这样的超级工作软件势必会让许多人感到头痛不堪。而为了解决更大的就业危机，人工智能在一些地方是被禁用，还是欢迎，也同样是一个大大的未知数。从全球工业化进程来看，包括我们现在所经历的，其实正是欧美国家以前所经历的，随着欧美国家的人工成本增长，工厂被转移到了亚洲一些新兴经济体国家。而真正的问题就在这里。国内的工业化规模虽然庞大，但质量相对偏低，例如，发动机、高端机床和仪器设备都依赖进口，而我们的整个教育体系是以考试为核心的，这也就导致了当和人工智能竞争的时候，我们必然失去了其中一个最重要的东西：创造力。

在规模化的教育体系下，我们的人才其实并没有很强的创造能力。因此，当欧美国家的机器越来越像人类的时候，我们这儿的人却越来越像机器，每天两点一线，不论是工厂还是写字楼，都做着几乎是流水线一样的重复性工作。我们需要知道，人工智能的终极，无非就是以替代人类的形式来服务于人类。未来，如果类似比 ChatGPT 更高级的人工智能产品出现，那么它对我们的负面影响不可谓不大，它不单单会替代编辑、助理、程序员、医疗从业者、教育从业者等劳动力，也必然会进入工厂，取代庞大的流水线工人。在这样的技术迭代的浪潮下，我们该如何选择呢？如果顺应潮流随波逐流，那么大量就业人员就难以适配人工智能后的时代；如果不跟从人工智能的发展趋势，未来就有可能被落下。要知道，人类的迭代速度远远跟不上人工智能的迭代速度，不管是自动驾驶还是类似于 ChatGPT 的回答，人类在学习新知识和新技能方面，都远远不如人工智能强大。

因此，在现行的教育体系下，人工智能对我们的影响远远大于人工智能对欧美国家的影响。目前，我们正在面对智能化浪潮和被动去工业化的双重夹击。从表面上看，不管怎么努力，怎么吃苦耐劳，我们都无法和一个机器人去竞争。试想人们吃苦耐劳地工作和奋斗，最后却被一个 24 小时为你服务的人工智能产品所打败，这才是最可怕的事情。正如目前一些建筑行业那样，明明可以利用机器，却依然要用人工，这不是说我们的人工比机器更厉害，而是为了促进更多的人就业。从这个角度来讲，未来当我们面对 ChatGPT 的冲击时，在一个更大的范围内，我们还能继续主动淘汰“人工智能”吗?

在提高效率和促进就业面前，这个问题恐怕会继续困扰着我们每一个人。从短期来看，ChatGPT 就是对“平庸者”的持续暴击。和所有的新技术一样，我们如何使用它，取决于我们想成为怎样的人。有的人利用它写代码，有的人利用它写文本，还有的人利用它学习知识，应对各种职业考级，但也一定有人会利用它来娱乐，消遣、打发时间。我们每个人对 ChatGPT 的利用，完全取决于我们的个人认知范畴，而 ChatGPT 的出现，将会进一步加剧互联网的马太效应，让优秀的人更优秀，而平庸的人，可能会愈加平庸。

更重要的是，这种技术还会带来让人难以预料的社会变化。如果 ChatGPT 引发的人工智能巨变真的完全实现，它可能会重新塑造人类今天的生活，从某种意义上打破资本主义。不论未来的人工智能发展成怎样的形态，我们都必须确保它建立在一个更加平等和公平的财富分配的基础之上。就这一点来说，人工智能的出现似乎让我们的美好愿望朝着反方向前行。我们期望人类能够和人工智能协同合作，帮助我们处理更烦琐的工作；但现实情况是，当人工智能能够取代一部分工作岗位的时候，这部分工作岗位的员工，就会第一时间被无情替代。然后，他们应该去干什么？被人工智能替代后，他们还能干什么?

中国的互联网行业也亟待告别“硅谷崇拜”。国内应该建立有中国特色创新的 ChatGPT，甚至是超越 OpenAI 能力的中国人工智能公司。这已成为中国人工智能产业发展的必答题。中关村大数据产业联盟发布的《中国 AI 数字商业展望 2021—2025》报告预计，至 2025 年，中国人工智能数字业务核心支柱产业链规模将达到

1853 亿元，未来五年的复合增长率约为 57.7%。国泰君安则预测，未来五年，或将有最多 30% 的图片内容由人工智能技术参与生成，相应有 600 亿元以上的市场规模。目前 GPT（AIGC）创业价值有两点：一是如果从研究角度看，国内会继续往算法技术创新上探索；二是产业价值，特别是 ChatGPT 在文本生成上有独到的体验和价值，本身已经接近可商用的地步了。未来可能需要考虑具体场景应用以及提高准确性等。现在是人工智能应用发展的好时机，产业界应用机会比学术界更大，人工智能语音交互、多模态智能、数字人等诸多技术产品将展开探索与研发落地，相关领域的工业应用还有很长的路要走。

后 记

ChatGPT 的诞生不仅仅是对新一代聊天机器人的突破，更是对人工智能乃至整个信息产业带来的革命。为了帮助广大读者深入学习交流 ChatGPT 相关理论和专业知识，我们组织有关专家编写了本书。

本书由石子言、姚芳担任主编，杨子煜、唐晓、张辰旭、李波担任副主编。各部分的撰稿人依次为：第一章石子言，第二章唐晓，第三章席秋实，第四章杨子煜，第五章李香雪，第六章杨子煜，第七章胡欣，第八章王欣，第九章何松，第十章李波，结语姚芳。石子言、姚芳负责全书的统稿，陈昌孝、代翠翠承担书稿的审阅和校对工作。

本书在撰写过程中，参考借鉴了众多专家学者的学术研究成果，得到国防大学学科带头人洪保秀教授的精心指导，在此一并表示感谢。由于时间仓促、水平有限，本书难免有疏漏及不足之处，恳请广大读者给予批评指正。